Découvrez l'histoire par les archives de presse

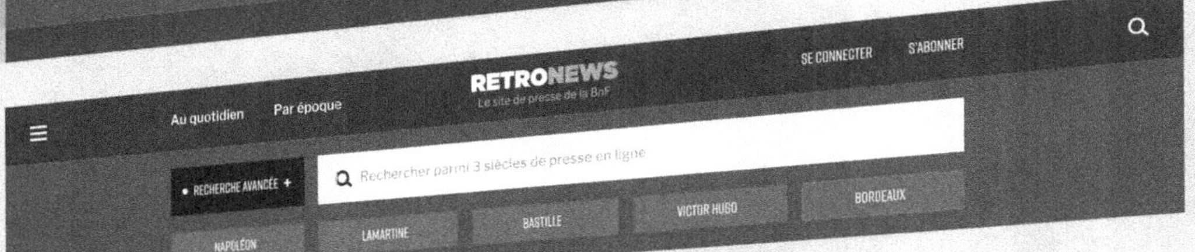

RETRONEWS

Le site de presse de la BnF

www.retronews.fr

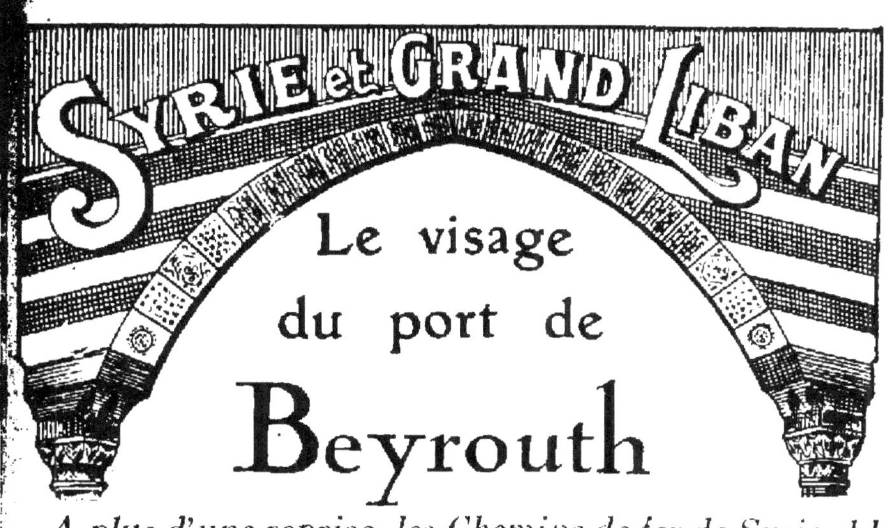

Le visage
du port de
Beyrouth

A plus d'une reprise, les Chemins de fer de Syrie et le port de Beyrouth ont eu à leur tête des chefs dignes d'estime et de considération, qui savaient s'entourer de secrétaires bien élevés et d'hommes de confiance d'une conscience professionnelle au-dessus de tous éloges. A ces hommes d'élite appartenait le très regretté M. Marteaux, décédé subitement le 7 avril 1927, et qui dirigea l'entreprise, durant de longues années, avec une compétence remarquable. Nous pouvons d'autant plus en parler en connaissance de cause que nous avons eu l'honneur de collaborer, jadis, en des moments délicats, avec les Tanant, les Rey, les Dumont et d'autres, et de rendre quelques services à la Régie Générale. Où sont les hauts fonctionnaires d'antan?

M. Marteaux qui n'avait pas de morgue, connaissait ce passé relativement récent. Quelque temps avant sa mort, appréciant les modestes services, absolument désintéressés, que le Guide Sam est heureux de rendre à la diffusion de l'influence civilisatrice de la France, dans le bassin oriental de la Méditerranée, feu M. Marteaux nous confia la très belle étude que nous nous honorons de publier ci-après. Ce travail arrive on ne peut plus à point, au moment où la question de la construction du port de Haïfa se pose avec une certaine acuité. Nous souhaitons que la voix du mort qui fut un gentilhomme et un bon Français, soit entendue par le Haut Commissariat et par les départements compétents.

Sur la côte phénicienne, bordée par la chaîne du Liban dont les rampes commencent à s'élever dès bord de la mer, un cap triangulaire d'altitude basse portant quelques plaines, constitua un excellent emplacement pour la fondation de l'antique Bérythe. Celle-ci, par sa situation même devint immédiatement une ville maritime intéressante.

Sa position sur le même parallèle que la grande ville de Damas, dont elle n'est séparée que par une centaine de kilomètres à vol d'oiseau, en fit tout naturellement, et malgré l'interposition de la double chaîne du Liban et de l'Anti-Liban, le port de Damas et cela bien que les marchandises ne pussent passer d'une ville à l'autre que par d'étroits et mauvais sentiers de montagne, utilisables seulement par les caravanes de chameaux ou de mulets.

Le port proprement dit ne consistait qu'en quelques anfractuosités naturelles de la côte rocheuse, dont la plus importante, Minet-el-Hussein, formait une baie en quadrilatère accessible par l'Est et protégée du large par un court promontoire de rocs.

Quelques voiliers de faible tonnage faisant surtout le cabotage entre l'Egypte et Bérythe d'une part, entre Bérythe, la Caramanie et l'Asie-Mineure d'autre part, desservaient ce port.

Telle fut Bérythe dans l'antiquité, telle était Beyrouth en 1888. A travers les siècles, elle n'avait subi aucune modification, aucune installation de réception des navires n'avait été entreprise.

Les Turcs avaient installé une Douane sommaire en baraques au pied de la falaise qui forme le fond du port actuel de Beyrouth et c'était tout.

Ces moyens rudimentaires avaient suffi aux différents âges. Nul n'avait eu l'idée de les compléter. Les marchandises qui transitaient par Beyrouth étaient alors, aux quantités près, les mêmes que maintenant, c'est-à-dire, à l'exportation : les abricots de l'oasis de Damas, les moutons vivants, pour l'Egypte dépourvue de tout fruit et qui doit compléter sa production de viande; les peaux de mouton, les laines brutes, parfois un peu de céréales, pour l'Europe. A l'importation, quelques produits d'usage courant de l'industrie européenne, un peu de ferblanterie, quelques outils, des tissus, plus tard des matériaux de construction, tuiles, poutrelles en fer.

Lorsque les bateaux européens desservirent le littoral, ils stationnèrent à Beyrouth à environ 1 kilomètre au large, comme ils le font actuellement à Jaffa et à Tripoli, par exemple, et des mahonnes, parties du petit port naturel dont nous avons parlé, faisaient la liaison entre les bateaux et la côte.

Les choses en étaient à ce point lorsqu'en 1857 un diplomate de carrière, M. le comte de Perthuis, eut l'idée de développer les relations de Damas et de Beyrouth, en créant entre ces deux villes une route carrossable à travers les montagnes.

Il constitua à cet effet une Société Ottomane à capitaux français, laquelle réalisa ce programme. La route fut ouverte au public en 1862.

Elle était exploitée de la manière suivante : la route faisait les charrois entre Beyrouth-Damas, en desservant les points intermédiaires avec ses propres chariots et moyennant perception de taxes d'après un tarif régulier. Des diligences assuraient le Service des voyageurs. D'importants relais pour le changement des attelages étaient convenablement répartis le long de la route.

Les chariots des particuliers et les caravanes privées qui empruntaient la route passaient en péage.

L'entreprise réussit fort bien. Au bout de quelques années, elle arrivait à donner 18 % à ses actionnaires. Les transactions commerciales s'étaient, comme conséquence, notablement développées.

Ce succès conduisit la Société à substituer un chemin de fer à l'exploitation par route.

Mais, en même temps, le développement du trafic qui découlait de l'exploitation de la route avait fait naître l'idée de la création d'un port à Beyrouth. En

1888 la Société Ottomane du Port, à capitaux français, était constituée. En 1889, les travaux commençaient et en décembre 1892, ils étaient achevés.

En 1890 et 1891, paraissaient les firmans de concession du chemin de fer, lesquels, outre la ligne Beyrouth-Damas, comprenaient la ligne de 100 kilomètres Damas-Mzérib, destinée à desservir la plaine du Hauran productrice de céréales.

Cette ligne de Damas-Mzérib fut la première entreprise réalisée; puis, presque immédiatement, furent commencés les travaux de la ligne à voie étroite de Beyrouth-Damas qui a 147 kilomètres de longueur et, à l'aide de ses 35 kilomètres de crémaillère, franchit la chaîne du Liban en partant de la côte 0 pour passer à la côte 1.500, au col de Beidar.

En somme, les deux puissants moyens d'action que sont le chemin de fer et le Port naquirent parallèlement et tous deux de la route.

Pour créer le Port, la Société s'était arrêtée à une baie propice située légèrement à l'Est du petit port naturel de Minet-el-Hussein, au nord de laquelle elle lança une jetée de 800 mètres de longueur et qu'elle borda de quais.

Cet emplacement lui permettait de limiter son premier effort à ce qui semblait nécessaire alors, mais en permettant de faciles extensions ultérieures, vers l'Est, dans le reste de la baie.

Le cordon littoral à cet endroit étant formé de rochers, des fonds suffisants pour les bateaux des plus forts tonnages purent ainsi être utilisés dans le bassin sans travaux spéciaux de dragages.

Ainsi fut détrôné le petit port naturel de Minet-el-Hussein qui était utilisé depuis les temps les plus reculés et avait notamment seul servi en 1860 pour le débarquement des troupes françaises de l'expédition de Syrie.

Quelles avaient été les tendances des Sociétés du Chemin de Fer et du Port lorsqu'elles avaient conçu leur programme? Sur quelles bases économiques

s'étaient-elles appuyées pour entreprendre financiè-
rement ces exploitations?

Avant toute chose, et la construction en premier
lieu de la section de Damas-Mzérib le prouve, sur
l'exportation des céréales produites par le Hauran et
par la plaine de la Békah.

Elles s'étaient dit : les facilités d'évacuation entraî-
neront le développement des cultures et un fort tonnage de froment et d'orge s'écoulant vers l'Europe,
rémunérera les capitaux engagés. Or, en réalité, depuis
l'ouverture à l'exploitation du chemin de fer et du
Port, les transports de céréales n'ont eu qu'une
importance secondaire. Sous le régime turc, les interdictions d'exportation de blé ont été presque cons-
tantes, le Gouvernement Ottoman ayant besoin de
réserver les productions de Syrie, tantôt pour une
zone, tantôt pour une autre de l'Empire. Le trafic em-
pruntant le chemin de fer et le Port, provint des
mêmes produits que par le passé, mais considérablement développés, c'est-à-dire des produits des jardins
de Damas, des moutons, des laines brutes, des peaux
de moutons, de la réglisse, etc. L'importation des produits d'Europe prit une notable importance, surtout
en ce qui concerne les matériaux de construction, les
tissus, les coloniaux, les produits européens de la
grande et de la petite industrie.

Si l'on ne considérait que le tonnage réel correspon-
dant à ce trafic, le port de Beyrouth n'aurait pas eu à
être visité par un très grand nombre de navires. Pour-
tant, dès sa création, le nombre de tonneaux qui le
fréquentaient fut aussi considérable que dispropor-
tionné. Ce mouvement important alla en se dévelop-
pant jusqu'à 1914, les Compagnies de navigations
envoyant, sans que la situation commerciale le justi-
fiât, des bateaux de tonnage croissant.

De 1910 à 1914, le port de Beyrouth recevait régu-
lièrement chaque semaine un bateau de 3 à 5.000 tonnes des Messageries Maritimes, venant du Sud de la
Méditerranée; un bateau du Lloyd Autrichien, deux

bateaux de deux compagnies italiennes distinctes, tous navires de 3 à 5.000 tonnes, un bateau de Hadji Daoud, battant pavillon américain, un bateau de la Compagnie Khédiviale battant pavillon anglais. Tous les quinze jours, un autre paquebot des Messageries Maritimes venait du Nord de la Méditerranée. Enfin, à des dates moins régulières, des cargos de la Prince-Line et des bateaux des Compagnies Russes desservaient le Port. Il ne s'agit ici que des seuls navires à vapeur. Beyrouth recevait en outre un nombre notable de voiliers.

Lorsque l'on examine le tonnage des marchandises réellement déposées ou enlevées par ces importants bateaux et qu'on le compare avec les jauges totales desservant le port, on en arrive à se demander la cause de cette exagération de moyens.

Elle résidait dans deux motifs : le premier résultant d'une lutte d'influence de pavillons à l'égard d'un pays que toutes les Puissances européennes sentaient susceptible de se détacher du joug turc aux premières désagrégations de l'Empire Ottoman; le second, découlant de l'enlèvement des émigrants. Le Liban, pays chrétien très peuplé, s'est toujours, sous la domination Ottomane et malgré le protocole européen qui lui donnait quelques sûretés relatives, dépeuplé de lui-même par l'émigration et à tel point qu'il n'était plus guère habité que par des vieillards et par des femmes.

Tous les hommes, entre 18 et 40 ans, partaient pour les diverses contrées de l'Amérique du Nord ou du Sud où se sont créées de véritables colonies de Libanais; chaque semaine voyait d'importants départs et les compagnies de navigation s'arrachaient ces émigrants à tel point que les bateaux de diverses Sociétés prenaient leurs dispositions pour se trouver simultanément dans le port afin d'accaparer un à un les fuyards.

Il résultait de ce gros mouvement de vapeurs que le port de Beyrouth, cependant bien conçu pour les besoins du pays, devenait trop petit pour sa clientèle de bateaux.

La guerre, en réduisant le nombre des navires, a ramené la desserte de Beyrouth à des proportions plus en rapport avec ses réelles nécessités.

Laissant de côté cette superfétation de tonnage flottant, on appréciera le service réel auquel le port avait à faire face avant la guerre, en considérant qu'en 1913, dernière année d'exploitation complète avant les hostilités, il avait été importé par Beyrouth 196.260 tonnes et exporté 49.249 tonnes de marchandises diverses.

*
* *

L'exploitation du port de Beyrouth présente une particularité. De par sa concession, la Compagnie a construit et exploite elle-même les entrepôts douaniers, en sorte que les hangars douaniers appartiennent à la Compagnie qui y assure la manutention et encaisse les droits de magasinage pour toutes les marchandises, entre le moment où elles sont débarquées au port et celui où elles passent dans la salle de visite de la Douane, salle où commence seulement le véritable domaine douanier et où finit celui du Port.

Il résulte de cette combinaison que, seuls dans tout l'ancien Empire Ottoman, les entrepôts douaniers de Beyrouth sont munis d'installations européennes. La manutention y est faite électriquement à l'aide de treuils qui vont prendre les marchandises à l'accostage dans les mahonnes mêmes et les introduisent dans les hangars où elles sont reprises par des grues vélocipèdes qui les classent et les estivent en hauteur.

Dans les locaux de la Douane proprement dits qui appartiennent à l'Administration du pays et notamment dans la salle de visite, la manutention est, au contraire, faite à bras.

On a beaucoup discuté au sujet de l'emplacement choisi pour cet unique port de la Syrie. Certaines personnes prétendent qu'il est paradoxal d'avoir créé un

port en un point où le littoral est séparé de l'intérieur
par la partie la plus élevée de la chaîne du Liban, alors
que d'autres villes de la côte, telles que Caiffa et Tripoli, par exemple, sont établies en face de dépressions
de la chaîne qui en rendent la traversée sensiblement
plus aisée.

Pour beaucoup, la ville de pénétration en Syrie
aurait dû être Tripoli, à droite de laquelle la chaîne de
montagnes est particulièrement basse.

La justification du choix de Beyrouth découle du
rapide historique fait plus haut, de la proximité de
Damas, de l'importance qu'avait, avant la création
même du bassin, la ville qui comprenait les plus
grandes banques et les plus actifs comptoirs commerciaux.

De même qu'avant la construction de tout port en
Syrie les caravanes n'avaient pas cherché à tourner la
chaîne du Liban mais, gagnant au plus court par le
plus rude, étaient venues en droite ligne à Beyrouth;
de même, s'appuyant sur la puissance acquise par
cette place commerciale, la route d'abord, le chemin
de fer ensuite, devaient s'efforcer de la joindre direc-
tement et de même, le port de la Syrie devait s'y éta-
blir.

Malgré ses 35 kilomètres de crémaillères à exploitation un peu lente, la ligne de Beyrouth-Damas, par la
faible longueur de son parcours, demeurait la voie de
communication la plus rapide.

Un couvreur ne crée pas un long développement par
plan incliné pour monter sur un toit, mais prend une
échelle et s'en trouve bien; pour le même motif Bey-
routhins et Damasquins devaient franchir la montagne devant chez eux, au col de Beidar et rejoindre
Rayak, dans la plaine de la Békah, en 65 kilomètres
au lieu d'aboutir à ce même point par les 230 kilomètres qu'exige le parcours Tripoli-Homs-Rayak.

Le chemin de fer, tel qu'il est constitué, a d'ailleurs
fait face très aisément au trafic pour lequel il a été
créé et pourrait, non moins facilement, assurer un

mouvement considérablement plus développé. Il demeure le moyen de transport le plus rapide et le plus économique, bat facilement la voie de Tripoli et la voie de Caiffa (la ligne Caiffa Damas a exactement le double de la ligne Beyrouth-Damas) et, à ce premier point de vue, l'emplacement du port est parfaitement choisi.

A un second point de vue, il est encore le meilleur.

Il a été parlé du fond rocheux du cordon littoral devant Beyrouth qui permet aux bateaux des plus forts tonnages, de venir contre la ville même. Aux autres points de la côte, on rencontre des grèves de sable à pente très douce, qui ne permettent pas aux navires d'approcher à plus d'un kilomètre ou d'un kilomètre et demi des villes. A Tripoli notamment, la construction d'un port serait très onéreuse, car il faudrait aller très loin chercher des fonds suffisants.

*
* *

Il est intéressant de rechercher ce que peut approximativement donner la Syrie sous une administration sage méthodique et raisonnée. L'avenir du Port dont nous nous occupons ici s'en déduira tout naturellement.

Avant 1914, le rendement des douanes de Beyrouth, auxquelles étaient rattachées les autres douanes de la côte de Syrie, la classait la troisième de l'Empire Ottoman; l'ordre étant le suivant : Constantinople, Smyrne, Beyrouth.

Comme le rendement des douanes indique la valeur totale des marchandises importées de l'étranger, il indique en même temps l'importance d'une grosse fraction de l'argent que le pays peut dépenser à l'extérieur et par suite qu'il a gagné sur son propre sol.

Donc, avant la guerre, le pays vivait, importait dans une grande porportion et faisait enfin des placements en valeurs, surtout égyptiennes.

Cependant les ottomans ne tentaient rien ou ne tentaient que très peu de choses pour chercher à développer le pays. Plus souvent même ils en entravaient le développement.

Les interdictions d'exportation des céréales de Syrie étaient, comme il a été dit, très fréquentes.

Le paysan se plaignait souvent dans le passé de la façon dont étaient prélevées les dîmes et, pour ce motif, restreignait ses cultures au lieu de les étendre.

Les initiatives européennes de création d'industries locales étaient entravées, sauf pour quelques sociétés puissantes, connues et, en quelque sorte, admises à Constantinople.

Tel qu'il était cependant et ainsi gêné, le pays était prospère. Sous une administration équitable, encourageant les efforts et prodiguant les conseils, une grosse amélioration est certaine.

La Syrie n'a été, dans le passé, qu'un pays agricole. La plaine de la Bekaa a produit des céréales recherchées, notamment, outre le froment, les orges de Homs et de Hama exportées pour les bières anglaises; nous avons signalé sa production de moutons, dont on exportait une grande quantité en Egypte, ses peaux de moutons, ses laines brutes, les fruits de Damas.

Dès que la méfiance du paysan, née sous le régime ottoman, sera éteinte, celui-ci augmentera progressivement l'étendue de ses ensemencements dans les plaines de la Bekaa et d'Alep et il n'y aura d'autre limite à l'exploitation complète de la fertilité du sol que celle résultant du nombre de bras. Si, tels qu' sont les effectifs, ils s'emploient tous, l'avenir économique sera intéressant.

Il en sera de même pour les plaines du Hauran qui produisent les blés durs et les plaines voisines de Tripoli, ces dernières permettant deux récoltes annuelles, par exemple oignons et céréales.

L'exportation des moutons peut également se développer, de même que celle de la réglisse.

La production des fruits de Damas ne peut guère s'étendre; elle est fonction de l'étendue des vergers existants et qui ne peut être développée.

Quels sont les produits agricoles nouveaux que l'on peut tirer du sol?

· Avant toute chose, le coton.

La culture du coton n'existe qu'à l'état presque embryonnaire. Elle peut aisément acquérir une certaine importance.

Il existe, dans la région d'Antioche, des terrains très favorables, que rendrait à la plantation des cotonniers le dessèchement assez aisé de grands marais. On favoriserait cette culture du coton et dans les terrains propices déjà existants et dans ceux obtenus par voies de dessèchement, en créant quelques routes permettant les charrois.

Cette question des cotons doit être considérée comme très intéressante.

La région hauranaise a produit un peu de vallonées que l'on n'a jamais exportées. On peut en développer le commerce avec profit.

Il existe, dans les anciens domaines impériaux de Syrie quelques forêts assez vastes de sapins n'ayant pas non plus été exploitées.

Beaucoup de points de la côte de Syrie sont favorables, à la culture de l'oranger. La Palestine et surtout Jaffa avaient antérieurement le quasi monopole de l'exportation des oranges en Angleterre : les expéditions en étaient considérables. La côte Syrienne pourrait certainement, avec une organisation méthodique, concurrencer à ce point de vue la Palestine.

Y a-t-il un avenir pour l'industrie?

La Syrie n'a pas d'industrie. Damas exporte quelques meubles arabes et quelques cuivres travaillés. Le Liban, antérieurement à la guerre, produisait d'intéressantes quantités de cocons de vers à soie pour notre industrie lyonnaise et il y a quelques filatures dans la montagne. C'est à peu près tout.

Aujourd'hui on pourrait créer quelques industries montées par des Français auxquels on accorderait autant de facilités qu'autrefois on leur opposait d'entraves.

Il semble que l'on pourrait, par exemple, faire de la verrerie dont on consomme beaucoup sur place.

L'établissement de quelques brasseries, serait également possible. La vente de la production serait assurée.

Ce ne sont là que des exemples, là où il n'y a rien, on peut, avec discernement, créer des choses utiles.

En résumé, en donnant de l'amplitude à ce qui existe (et cette amplitude viendra d'elle-même avec la sécurité, les garanties et quelques conseils), en introduisant les principaux éléments nouveaux que nous venons de donner, l'accroissement de la richesse de la Syrie doit être important. Le développement du port de Beyrouth devra suivre évidemment celui des échanges.

Reste le sous-sol. Il est encore mystérieux et ne met pas en évidence, *à priori*, de grandes espérances. Cependant on a trouvé quelques traces de naphte, des lignites de peu de valeur (pour la consommation locale). Le temps révèlera peut-être autre chose.

Pour conclure :

Y a-t-il lieu de construire un autre port en Syrie, notamment à Tripoli, ainsi que cela a été plusieurs fois demandé.

Evidemment non.

Quand on considère le commerce dont la Syrie est capable en le portant au maximum espéré, on constate qu'en mettant tout au mieux, il est relativement faible pour sa superficie et qu'alors que six grands ports suffisent aux transactions si considérables de la France qui a un littoral si développé, la Syrie ne peut comporter plus d'un port sérieux.

Au lieu de jeter des millions à la mer, en multipliant les bassins, il apparaît comme plus raisonnable de dépenser des sommes bien moindres en accroissant, à l'emplacement tout préparé et suivant les besoins, les moyens d'actions déjà puissants et éprouvés de Beyrouth.

Créer notamment un port onéreux à Tripoli, qui

n'est qu'à 80 kilomètres de Beyrouth semblerait une folie, alors qu'il est aisé de relier Tripoli à Beyrouth par une section de chemin de fer à voie large, ce qui permettrait, par la ligne à voie large déjà existante de Tripoli à Homs et de Homs-Alep-Bagdad, d'amener au port de Beyrouth, sans transbordement et par voie normale, toutes les marchandises des vastes régions du nord et cela sans qu'il en coûtât plus cher, vu les grands parcours qui permettraient un jeu de tarifs appropriés, pour venir à Beyrouth qu'à Tripoli. Qu'est-ce que 80 kilomètres de chemin de fer de plus pour des marchandises appelées à faire 4 à 500 kilomètres par voie ferrée.

On ne pensera jamais en France, où cependant le trafic est si actif, à créer un grand port à 80 kilomètres d'un autre grand port pour économiser les frais de ce parcours par fer.

Alexandrette, située tout au nord de la Syrie et possédant une très belle rade, justifierait seule la construction d'un port réduit, mais celui-ci serait bien plus le port de la Cilicie qu'un port de la Syrie.

En résumé, la Syrie ne pouvant, vu son commerce limité, raisonnablement permettre que l'engagement des capitaux assez réduits, il faut éviter d'éparpiller l'effort financier et s'appliquer à en concentrer les effets au point le plus propice pour le rendement le plus efficace.

Dans l'intérêt du commerce français, ce qu'il faut à la Syrie, c'est un port unique armé aussi puissamment que possible. La concurrence la plus grave qu'il ait à redouter est celle de Caïffa qui est actuellement entre les mains des Anglais et où l'Administration britannique se propose également de créer un Port bien outillé.

Il est certain que lorsque Caïffa aura un bassin abrité, les Anglais s'efforceront d'alimenter Damas et la Syrie par ce point de transit. La proximité de l'Egypte, où se concentrent les produits anglais, favoriserait cette combinaison, au détriment du commerce français, si Beyrouth ne prenait les précautions préventives qui s'imposent.

Beyrouth a l'avantage d'être une place déjà organisée et d'être plus voisine de tous les centres syriens. Il lui appartient de prendre les mesures indispensables pour conserver sa puissance acquise.

MARTEAUX.

Association des Commerçants & Industriels Français du Levant

Siège Social : BEYROUTH. Boite postale 339.

NOTICE

Les commerçants et industriels français habitant la Syrie ont décidé, en 1920, la constitution d'un groupement exclusivement français pour la défense de leurs intérêts. Ce groupement a été étendu récemment aux protégés français et aux commerçants indigènes représentant des maisons étrangères.

Son but est de grouper les commerçants et industriels français habitant le Levant, c'est-à-dire : la Palestine, les Territoires sous Mandat français (Syrie, Liban, etc.) et la Cilicie.

Son activité vise à l'intensification des échanges avec la France.

D'autre part, elle est l'intermédiaire entre ses membres et les Pouvoirs Publics. Ceux-ci ont pu apprécier au cours de huit années l'esprit de collaboration confiante que lui apportait l'Association. Sa propagande, faute de moyens financiers suffisants, s'arrête aux Chambres de Commerce françaises.

Elle publie, en collaboration avec l'Office Commercial français pour la Syrie, un Bulletin mensuel qui contient des renseignements sur la situation générale du marché, les importations, les exportations, le change, et le mouvement des chemins de fer et des ports, ainsi que des informations d'ordre commercial précieuses pour tous ceux qui s'intéressent à l'avenir des pays sous Mandat.

Les arrêtés, les règlements d'administration publique, les mercuriales de la Douane, ainsi que les vœux de l'Association, sont contenus dans cette publication, qui en est à sa septième année d'existence.

Les statuts de l'Association indiquent les conditions requises pour en être membre :

ARTICLE 10. — Seront membres actifs :

1o Les Commerçants, Industriels, Représentants de Commerce, Agriculteurs, Ingénieurs, Avocats, Médecins, etc... français ou protégés français, installés dans le Levant;

2o Les Sociétés et Groupements français économiques, agricoles, industriels, financiers, de transport et d'assurance, etc., installés dans le Levant.

Les Membres actifs ayant quitté définitivement le Levant conservent leur qualité de Membres actifs.

Article 11. — Seront Membres adhérents : les Commerçants. Industriels, Représentants de Commerce, etc., de nationalité non française, représentant des Maisons françaises dans le Levant.

Article 12. — Seront Membres honoraires :

1° Les Maisons françaises installées hors du Levant s'intéressant aux affaires de cette région;

2° Les Commerçants et Industriels français ou protégés français ayant géré des intérêts français dans le Levant;

3° Les Français ou protégés français s'intéressant au développement de l'Association.

Article 13. — Conditions d'admission :

1° Etre français ou protégé français et jouir de ses droits civils et politiques;

2° Remplir les qualités requises aux articles 10, 11 et 12;

3° Acquitter au minimum une cotisation annuelle de 50 francs comme Membre actif ou adhérent et de 100 francs comme Membre honoraire.

Actuellement, le nombre des Membres actifs est d'une centaine, celui des Membres honoraires d'une vingtaine et celui des Membres adhérents d'une trentaine.

Il est question de transformer cette Association en une Chambre de Commerce française pour la Syrie, et le Liban, en se conformant aux dispositions légales imposées aux Chambres de Commerce de la Métropole.

Voici la liste des membres de cette intéressante association.

PRÉSIDENTS D'HONNEUR

MM. les Généraux Gouraud et Weygand, membres du Conseil Supérieur de la Guerre,

M. le général Sarrail, ancien Haut-Commissaire de la République auprès des États de Syrie, du Grand Liban, des Alaouites et du Djebel Druze, commandant en chef l'Armée du Levant.

COMITÉ DE DIRECTION

MM. SOUBRET, Conseiller du Commerce Extérieur, *président*. B.P. 339.

DE FLEURAC, Conseiller du Commerce Extérieur, *vice-président*. T. 1-26, B.P. 445.

JAMES Antoine, *secrétaire*, rue Bab-Edriss. T. 4-35; B.P. 471.

JACQUET, *trésorier*.

MARTIN, BERNE, Conseiller du Commerce Extérieur; GUILLEN, DE BEAUREGARD, Premier député de la nation; GUYENNOT, OUTIN, *membres titulaires*. EYNARD, rue du Commerce. B.P. 268; T. 4-20, Conseiller du Commerce Extérieur, FORCE, *membres suppléants*.

(A) MEMBRES ACTIFS A BEYROUTH

ACQUAVIVA, Sériciculture, Beyrouth.
Agence Générale de Librairie et de Publication. B.P. 237.
AMORY Edouard, Directeur de la Firme Amory frères. T. 6-14; B.P. 101.
BEAUREGARD (de), Directeur de la Cie des Eaux, Beyrouth.
BERNE A., négociant, Agent des Galeries Lafayette. B.P. 289, Beyrouth.
BUGNARD Albert, Librairie Française, avenue des Français, Beyrouth.
CAFÉ DE LA POSTE, place des Canons. Beyrouth.
CALMES Firmin, Importations-Exportations. B.P. 411.
CASSÉ, Etablissement F. Calmes & Cie. B.P. 411, Beyrouth.
CHAUQUART Maurice, horloger-bijoutier, Impasse Bassoul, Beyrouth.
COTTARD Dr, Professeur de Chirurgie à la Faculté de Médecine. T.6-39, Beyrouth.
CRESSOT Isidore, Imprimeur, Beyrouth.
CROCHEPIERRE, Importation-Exportation. B.P. 209, T. 2-30. Beyrouth.
DAIDIN Charles, Garage de l'Europe P. R., Beyrouth.
DANANCHER, Directeur de la Banque Franç. de Syrie. B.P. 108, Beyrouth.
DE CHAMP, Entrepreneur P. R., rue du Maréchal-Pétain. T. 4-19, Beyrouth.
DELOIRE Gilbert, Négociant, B.P. 465, Beyrouth.
DUDOY Armand, Entrepreneur de peinture, Beyrouth.
DUMORT Yvonne Mme, Parfumerie, rue Picot. B.P. 126, Beyrouth.
EBENRECHT Frères, Fournitures industrielles, machines divers. B.P. 304,
     Beyrouth.
EYNARD Casimir, Négociant et agent maritime. B.P. 268; T. 4-20. Beyrouth.
FATIN Marius, Représentant de Commerce. B.P. 345, rue de la Marseillaise.
     T. 8-10, Beyrouth.
FENOUILLET, Entrepreneur. B.P. 173, Beyrouth.
FLEURAC (de), Dir. Maison Worms & Cie. B.P. 30, Beyrouth.
FORGE, Directeur Général de la Banque de Syrie. B.P. 75, Beyrouth.
GALLIPENSO, Entrepreneur, Beyrouth.
GARRUS Maurice, Société de Tramways. B.P. 176, Beyrouth.
GAUTHIER, Industriel, Directeur de la Maison Lautier et Fils de Grasse. B.P.
     185, Beyrouth.
GERMAIN Jean, Entrepreneur de travaux publics. B.P. 509, Beyrouth.
GIRAUD, Entrepreneur de Travaux Publics, Beyrouth.
GUILLEN Ernest, Représentant de la Maison Romain-Boyer. B.P. 396, Beyrouth.
GUYENNOT Aristide, Agent de Bastos & Cie. B.P. P. R., Beyrouth.
HERBERT, Directeur de la Société France-Méditerranée. Beyrouth.
JABRE Néjib, Importateur, avenue des Français. T. 1-10; B.P. 351.
JACQUET, Ingénieur, avenue des Français. Beyrouth.
JAMES Antoine, Importation-Exportation, rue Bab-Edriss. T. 4-35. Beyrouth.
JOUBERT, Directeur de l'Ecole Pigier. B.P. 504. Beyrouth.
JOUBERT Mme E., Directrice de la Publicité Orientale. B.P. 504. Beyrouth.
LACHET Pierre, Entrepreneur. P. R., Beyrouth.
LAFERRIÈRE, Inspecteur de la Banque de Syrie, Beyrouth.
LAMARCHE, Docteur en Médecine, Beyrouth.
LECREUX Jean, Délégué en Syrie de la Chambre de Commerce de Mulhouse et du
     Syndicat Industriel Alsacien, Beyrouth.
MANHES Jacques, Représentation Commerciale, rue de la Marseillaise, T. 3-31.
MARTEAUX Raymond, Directeur de la Cie du Chem. de Fer D. H. P.B. 109.
MARTIN Frédéric, Agent des Messageries Maritimes. Beyrouth.
MENSANNE René, Représentant de Commerce; B.P. 54. Beyrouth.
MONTPELLIER, Sous-Directeur Banque Française de Syrie; B.P. 108, Beyrouth.
MOYSE Albert, Agent général Maison Meliad'Alger (Tabacs); B.P. 598, Beyrouth.
ODINOT Marcel, Directeur de l'Ecole d'Ingénieurs. Beyrouth.
OUTIN Marcel, Armurier, rue Clemenceau. Beyrouth.
PERRIER, Photographe d'art, rue de la Poste. Beyrouth.
RESSES Gaston, Sous-Directeur, chef de l'Agence de la Banque Française de
     Syrie; B.P. 108. Beyrouth.

ROUSSELLE, Directeur du Crédit Foncier d'A. et de T.; B.P. 393, Beyrouth.
SERVAN Emile, Etablissements Calmes & Cⁱᵉ; B.P. 411, Beyrouth.
SOUBRET Edouard, Ingénieur en chef de la S. F. E.; B.P. 339, Beyrouth.
VALERY, Ingénieur, rue Bab-Edriss. T. 4-05; B.P. 527, Beyrouth.
VASSEUR, Négociant, rue de la Poste, Beyrouth.
VAYSSIÉ, Directeur-Propriétaire Journal *La Syrie*; B.P. 171, Beyrouth.
VELLUARD Marcel, Maison Franco-Syrienne, Immeuble Haddad, Bab-Edriss.
WEIL Paul, Importateur Exportateur; B.P. 287, Beyrouth.
ZETTWOG Jules, Restaurateur, avenue des Français, Beyrouth.

<h3 align="center">(B) MEMBRES ADHÉRENTS</h3>

ABDALLAH ZÉHIL, Directeur de la Fabre Line, Beyrouth.
COZMA Frères, Commerçants et Imprimeurs, Beyrouth & Damas.
KHALIL Jean Ghanagé, Négociant commissionnaire. B.P. 41, Damas.
ABDO Kassab, Fabricant de chaussures. B.P. 63, Damas.
JABRE, Associé de M. Cassé, rue Chefik bey. T. 706, Beyrouth.
SAMUEL Tayar, Négociant. B.P. 61; T. 2-24, Beyrouth.
Le Capitaine VINCENT, Directeur Gérant du Magasin central des Coopératives
     de l'A. F. L., Parc Saint-Michel, Beyrouth.

<h3 align="center">(C) MEMBRES HONORAIRES</h3>

Chambre de Commerce de Paris; Chambre de Commerce du Havre, Maison
Mourgue d'Algue; Joseph Reynier, sériciculteur, les Arcs (Var); Société des Acié
ries et Usines à tubes de la Sarre, 64, rue Pierre-Charron, Paris; Société française
de sériciculture, 41, rue Grignan, Marseille.
Maison A. BIÉTRON, Fabrique et affinage de fromage sfins, 50, rue de Forbin,
     Marseille.
Maison BOUCHARD Aîné & Fils (vins de Bourgogne), Beaune (Côte d'Or).
BÉRARD, Directeur de la Banque de Syrie et du Grand-Liban, 16, rue Le Pele-
     tier, Paris.
COINTREAU, Liqueurs, Angers.
Maison Bouchard Fils Aîné (conserves alimentaires), 19, rue Francis-Préssensé
     Marseille.
Maison E. MERCIER & Cⁱᵉ (Champagnes), Eperney.
FABERT, Agent pour l'Exportation de la Maison Félix Potin, Paris.
Maison H. BONIMOND (Pâtes alimentaires), 94-96, Chemin de Rouet, Marseille.
Maison Jules Codde (Pommes de terre), 15, Bd Montricher, Marseille.
Apéritif Clacquesin (Goudron), 207, Bd Saint-Germain, Paris.
Maison J. & F. MARTELL (Cognac), Cognac.
Etablissements ROCCA, TASSY et DE ROUX (Végétaline, Huile Dulcine, Savon
     la Tour), 9, rue de l'Arsenal à Marseille.
Etablissements Métropolitains, ERNEST LAMBERT & Cⁱᵉ, Rhum Saint-James
     8, Place du Marché, Neuilly, Paris.
Société d'Avances Commerciales, sucre, riz, farine. B.P. 1207, Alexandrie (Egypte).

NOTA. — L'Association des commerçants et industriels
français du Levant dont le siège est à Beyrouth se propose de
transformer l'institution en une Chambre de commerce française pour la Syrie et le Liban. Ce projet nous paraît préjudi-
ciable aux producteurs français. Ceux qui suivent l'enquête —
nous allions dire la campagne — que nous menons depuis 1922
sur les intérêts économiques français dans le Levant se sont
rendu compte du tort immense, moral et matériel, que les
offices commerciaux, créés sans trop de discernement ont déjà
causé aux chambres de commerce avec lesquelles ils font double

emploi. Là où il existe une chambre de commerce avons-nous soutenu avec insistance, la création d'un office est nuisible, voire même funeste. L'inverse est aussi exact : là où il existe un office commercial, la création d'une Chambre de commerce n'est pas moins dangereuse pour les intérêts des producteurs français. Tôt ou tard, les deux institutions entrent en compétition d'abord, en conflit ensuite et finissent par se faire la guerre, c'est-à-dire par chercher à se démolir. Hélas! elles réussissent dix fois sur dix et laissent le champ libre aux concurrents étrangers qui parviennent ainsi et très aisément à évincer l'article français[1].

Le but visé par l'Association des commerçants et industriels français du Levant est de travailler à l'intensification des échanges avec la France. C'est très beau et très patriotique. Le seul moyen d'y arriver est celui d'organiser la représentation économique française à l'étranger sur des bases modernes. Il y a lieu, il urge même de reviser les statuts des consulats, des chambres de commerce, des attachés, conseillers et offices commerciaux et de leur substituer un organisme unique, homogène, avec à sa tête des hommes compétents, hardis, connaissant les arcanes du commerce et disposant de larges moyens de propagande pour pouvoir prendre toutes les initiatives que les circonstances commandent[1]. Hors de là, point de salut. Plus on multipliera les organismes plus il y aura du désordre, de la confusion; plus on fera de la besogne à rebours et plus le budget se trouvera obéré. L'Association des commerçants et industriels français du Levant servira mieux les intérêts de ses adhérents en étudiant de près notre proposition. Et elle servira mieux la France, ce qui doit être considéré en premier lieu.

---

1. Voir dans la partie France de ce *Guide* ce que nous disons des intérêts français dans le Levant.

La Syrie

GRAND JOURNAL QUOTIDIEN FRANÇAIS

DIRECTEUR : Georges VAYSSIE

ADMINISTRATION ET RÉDACTION :

Rue Bab Edriss (Immeuble Daouk)

Télégr. : SYRLA. — B. P. N. 171

BEYROUTH (Syrie)

LE RÉVEIL

GRAND JOURNAL QUOTIDIEN FRANÇAIS

Politique — Commercial et Littéraire

Pour la Publicité s'adresser
à la Direction du Journal :

Immeuble Khan Antoun Bey

Rue des Postes

BEYROUTH (SYRIE)

Représentation consulaire en Syrie et au grand Liban

La plupart des Etats ont une représentation consulaire en Syrie et au Liban. L'importance économique de ces contrées et les relations d'affaires qu'elles entretiennent avec les pays les plus divers justifient la présence de nombreux agents consulaires. Ajoutons que les syriens, gens entreprenants, sont aussi très migrateurs. Sans compter les pays voisins, tels que la Palestine, l'Egypte et d'autres où ils prédominent dans les affaires, on constate la présence de très nombreux négociants syriens en Angleterre, en France, en Italie, en Turquie, aux Etats-Unis, dans les républiques américaines du centre, et dans d'autres pays. On trouvera ci-après la liste, aussi complète que possible, de la représentation consulaire dans les divers Etats de la Syrie et du Grand Liban.

AMÉRIQUE (ÉTATS-UNIS)

A BEYROUTH : MM. P. Knabenshue, consul en charge; Paul H. Alling, vice-consul; Walter H. Rilsher, vice-consul.

A DAMAS : M. James H. Keeley Jr. consul.

A ALEP : M. Maurice W. Altaffer, vice-consul en charge.

ARGENTINE

A BEYROUTH : M. Eduardo Gruning Rosas, consul; MM. Ferdinand Girardi et Oscar Lusena, conseillers commerciaux; M. J. Sarfati, conseiller juridique; M. Manuel A. Lizmi, chargé des services et Badih-el-Kareh, interprète.

La juridiction du consulat de la République argentine à Beyrouth s'étend à toute la Syrie, au Grand-Liban et au territoire des Alaouites.

BELGIQUE

A BEYROUTH : MM. Ed. de Vries, consul; Léopold Callinus, chancelier; Joseph Abi-Saab, secrétaire; Négib Araman, Emile Tabet et Nicolas Geheili, drogmans.

A DAMAS : MM. Armand Dupont, gérant du consulat; Michel Awadis, drogman honoraire.

A ALEP : M. Joseph Poche, consul.

A ALEXANDRETTE : M. Joseph Caloni, vice-consul honoraire.

A TRIPOLI : M. A. Levante, vice-consul gérant.

BRÉSIL

A BEYROUTH : M. Fortunato Sellan, consul.M. G.-A. Hani, secrétaire.

Le consulat des E.-U. du Brésil étend sa juridiction au Grand Liban, à la Syrie et à la Palestine où il n'existe aucune autre représentation diplomatique ou consulaire brésilienne.

DANEMARK

A BEYROUTH : MM. Georges Scrini, consul pour la Syrie et le Liban; Edmond Bassoul, drogman.

A TRIPOLI : M. Charles Catzeflis, vice-consul.

A ALEP : M. Charles Corneille, vice-consul.

ÉGYPTE

A BEYROUTH : M. le Dr Mahmout-el-Saïd, consul royal d'Egypte dans les pays sous mandat français. Mohamed Abd-el-Arab, chancelier; Mahfouz Wahby, secrétaire.

A ALEP : Mohamed Sabry Mansour Effendi, agent consulaire.

ESPAGNE

A BEYROUTH : M. Pedro Marradès, consul; MM. Bahout, Trad & Boustros, drogmans.

A DAMAS : M. Fernando de Aranda, vice-consul.

A ALEP : M. Henri Marcopoli, consul honoraire.

A TRIPOLI : M. Charles Catzeflis, vice-consul honoraire.

A ALEXANDRETTE : M. Ed. Levante, vice-consul honoraire.

A LATTAQUIÉ : M. E. Ibrahim, gérant du vice-consulat honoraire.

Le consul royal d'Espagne à Alep est chargé des intérêts hellènes, autrichiens, hongrois et polonais.

FRANCE

A BEYROUTH : M. Robert Bigot, consul; M. A. Ceccaldi, chancelier.

A DAMAS : M. Louis Rœderer, chancelier.

A ALEP : M. René Salendre, chancelier.

A LATTAQUIÉ : M. Marcel Geoffroy, chancelier.

A ALEXANDRETTE : Dumarcais, chancelier.

A TRIPOLI : M. Georges Saab, chargé de la chancellerie.

GRANDE-BRETAGNE

A BEYROUTH : M. H.-E. Satow (O.B.E.), consul général; M Mayers Norman, vice-consul; M. C. Hewgill-Coates, vice-consul p. i.; MM. Maroun Arab, pro-consul; Fouad Shoucair, drogman.

A DAMAS : M. W.-A. Smart, consul; M. J.-F.-R. Vaughan-Russell, cice-consul; J. Teen, drogman.

A ALEP : M. W. Hough, consul; MM. Alexandre Akras, pro-consul et drogman; Edouard Akras et Moïse Shalam, drogmans honoraires;

A ALEXANDRETTE : M. J. Catoni, vice-consul; MM. E. Makzoum et N. Panayotti, drogmans

GRÈCE

A BEYROUTH : MM. S.-G. Lialis, consul général; J.-P. Anghelopoulo, chancelier.

A ALEP : M. P. Dracopoulos, vice-consul.

HOLLANDE

A BEYROUTH : M. Patrice Camilleri, gérant du consulat général; M. Joseph Saïdah, drogman.

A ALEP : MM. Albert Poche, consul; Rodolphe Poche, vice-consul; Henri Assouad et Fathallah Wakil, drogmans.

A DAMAS : M. Fernando de Aradan, gérant du vice-consul.

A TRIPOLI : M. Charles Catzeflis, vice-consul; MM. Antoine Zahlout et Antoine Fadel, drogmans.

A ALEXANDRETTE : M. Joseph Catoni, gérant du vice-consulat.

Le consulat général des Pays-Bas à Beyrouth, dont relève toute la représentation consulaire hollandaise en Syrie et au Liban, est chargé de la protection des intérêts allemands, autrichiens, bulgares et suisses. Le consulat de Alep est chargé de la protection des intérêts allemands, bulgares, yougoslaves et suisses.

ITALIE

A BEYROUTH : M. le Comm. Giovanni Salerno Melle, consul général; M. le chev. Omar dei Beni Amer, vice-consul; MM. Choucri Choucair et Amabile Livadiotti, interprètes.

A DAMAS : M. le chev. V. Speranza, consul avec juridiction sur la région sud de la Syrie et du Djebel-Druze; M. Antoine Doummar, interprète-drogman.

A ALEP : M. le chev. F. Cancelario d'Alena, consul; M. Gabriel N. Balit, interprète-chancelier; M. Francesco Cussa, interprète; MM. Armando Cussa et Nasri Homsi, drogmans.

A TRIPOLI : M. A. Levante, gérant l'agence consulaire; G. B. Battache, chancelier; Cav. M. Baba, drogman honoraire.

NORVÈGE

A BEYROUTH : M. Albert Delburgo, consul.
A ALEP : M. Théodore Corneille, vice-consul.

PERSE

A BEYROUTH : M. Georges Scrini, gérant du consulat.
A DAMAS : M. Habibollah Eynol-Molk Khan, consul géné-ral en Syrie et au Liban; M. B. Khan Tebrizli, chancelier; M. H. M. A. Akbar Chirazi, conseiller; MM. G. Farès, F. Khaouam et J. Araouani, drogmans.
A ALEP : M. Ibrahim bey, consul. Y. Hougaz, chef-drog-man; Z. Moucmalgi, drogman.
A ALEXANDRETTE : M. N. M. Nehmet Allah Falah, vice-consul gérant; S. Tambe, chancelier-drogman.

PORTUGAL

A BEYROUTH: M. P. Camilleri, consul; M. M. K. Badaouy, B. Sabbagha et J. Bahout, drogmans.
A ALEP : M. F. Marcopoli, consul.

ROUMANIE

A BEYROUTH : M. Georges I. Hadad, consul royal. MM. Georges I. Mouracade et Nicolas Michel Trad, drogmans honoraires.

SUÈDE

A BEYROUTH : M. Alexandre Gemayel,consul. MM. Dr Ha-bib Darouni, Joseph Hélou, Michel Gemayel et Michel Zogzo-ghi, drogmans.
Le consul de Suède à Beyrouth est chargé de la protection des intérêts du roayume des serbes-croates et slovènes.

TCHÉCOSLOVAQUIE

A BEYROUTH : M. François Tousek, consul; M. Julius Pri-tel, chancelier.
A ALEP : M. Guillaume Poche, consul honoraire.

TURQUIE

A BEYROUTH : MM. Abdulgani Séni bey, consul général; Rechad Hakki bey, vice-consul; Izeddin Tougroul bey, chan-celier; Ridvan Hodja bey, secrétaire.
A DAMAS : Chukri bey, consul; A. Sadoullah bey, chance-lier; Behaeddine Chakin bey, secrétaire.
A ALEP : A. Saïd bey, consul; Kenan bey, chancelier; Ekrem bey, secrétaire.

ADRESSES UTILES

Dans les listes qui suivent figurent les maisons qui ont le téléphone ou une Boîte postale et dont nous avons pu contrôler l'existence par les registres de la Chambre de commerce et d'industrie de la ville de Beyrouth. Nous y avons ajouté toutes les maisons qui nous l'ont demandé. L'inscription dans le Guide Sam étant absolument gratuite et n'entraînant aucun engagement d'aucune sorte, tous ceux qui voient une opportunité de figurer dans nos adresses utiles n'ont qu'à en manifester le désir. Il leur suffit pour cela de nous envoyer, très lisiblement écrit, leurs noms, adresse, profession, numéros de téléphone et de Boîte Postale, s'ils en ont.

Nous prions les lecteurs de nous signaler toutes les erreurs ou omissions qu'ils pourraient rencontrer dans nos adresses utiles, afin de les rectifier dans nos éditions ultérieures. Nous accueillons aussi avec empressement toutes les suggestions intéressantes et les améliorations susceptibles d'être apportées dans ce guide pratique.

VILLE DE BEYROUTH

AGENCES MARITIMES

Bousquet Géo, rue Tavilé. — B.P. 617; T. 9-06.
Chaoul Charles, rue du Port. — B.P. 107; T. 5-34.
Chidiac Pierre, rue des Postes. — B.P. 215; T. 9-1.
Christidis Const. G., rue Maréchal-Foch. — B.P. 568.
Debbas O. et S. D., Souk-el-Bayatra. — B.P. Nº 3; T. 5-37.
Eddé F. & Cie (Comptoir Maritime de Syrie), Imm. Badaoui. — B.P. 183; T. 2-8.
Eynard C., Khan Tabet. — B.P. 268; T. 4-20.
Fabre Line (Abdallah Zéhil), rue des Postes. B.P. 223; T. 1-31.
Haddad Ibra Fils & Cie. — B.P. 20.
Haddad Derwiche. — B.P. 42; T 1-19.
Heald Henry & Cie, rue Allenby. — B.P. 64; T. 4-26.
Lloyd Triestino, rue Foch. — B.P. 514; T. 8-11.
Messageries Maritimes, rue de la Poste. — B.P. 55; T. 1-21.
Nakad, Traboulsi & Cie, rue du Commerce. — B.P. 213; T. 2-14.
Mourgue d'Algue, s. Tavilé. — B.P. 326; T. 1-09.
Pappadopoulo fils & Co, rue de la Marseillaise — B.P. 243; T. 2-21.
Rabbat Ibrahim et fils, s. El-Jémil. B.P. 149; T. 3-44.
Societa Italiana di Servizi Maritimi « SITMAR », rue de la Poste. — B.P 263. T. 1-40.
Tabet Constantin, Khan Antoun Bey. — B.P. 010. T. 1-32.
Tattarachi, Riga & Cie Ltd, Khan Antoun Bey. — B.P. 118; T. 1-34.
Union Express Agency, s. Tawilé. — B.P. 568; T. 4-38.
Weber & Co, s. Jémil. — B.P. 82; T. 9-18.
Zéhil Abdallah (Fabre Line), rue des Postes. B.P. 223; T. 1-31.

ALIMENTATION

African & Eastern (Near East) Ltd, rue du Port; T. 9-13 et 9-14.
Alonettés Agapius E. — B.P. 234.

Angelopoulo Panayoti s. Jémil. — B.P. 13.
Attallah, Kadige & Cº, rue Bab-Edriss. — B.P. 347; T. 8-05
Audi B. & Cº, av. des Français. — B.P. 46.
Bercoff M. & Cⁱᵉ, s. Tawilé. — B.P. 119.
Beydoun Joseph et fils, Khan Barbir. — B.P. 147.
Bohsaly S. et R., rue du Port. — B.P. 516.
Calmes F. & Cº, rue de la Poste. B.P. 411.
Chami Jean et Fils, rue Bab-Edriss; T. 5-45.
Comaty les Fils de S., Khan Tabet. — B.P. 174; T. 4-14.
Crochepierre J., rue de la Marseillaise. — B.P. 209; T. 2-30.
Eynard C., Khan Tabet. — B.P. 268; T. 4-20.
Fatin Marius, 5, rue de la Marseillaise; T. 8-10.
Ghantous Farès & Cº, rue du Port. — B.P. 337.
Haddad Ibrahim et Fils, rue de la Poste. — B.P. 20.
Jabre Frères, r. Allenby. — B.P. 369; T. 7-06.
James Antoine, Imm. Badaoui. — B.P. 471; T. 4-35.
Misk Michel & Cⁱᵉ, rue Bab-Edriss. — B.P. 125.
Naïm Férid & Cº, rue Allenby. — B.P. 183.
Nakad, Traboulsi & Cº, Khan Fakry Bey. — B P. 213; T. 2-14.
Nestlé & Cy, av. des Français. — B.P. 54.
Orosdi-Back (Ets.), rue du Port. — B.P. 52; T. 3-28.
Périclès Pétridès, 152, rue des Postes.
Racine A. & Fils, rue Bab-Edriss — B.P. 169; T. 4-09.
Rebeiz Fadoul et Fils, s. Jémil. — B.P. 121; T. 36.
Saidah Frères, rue de la Poste. — B.P. 445.
Sirgi Michel & Cⁱᵉ, av. des Français. — B.P. 129; T. 1-17.
Speich et Yared, s. Jémil. — B.P. 56; T. 6-20.
Soussa A. et Joseph. — B.P. 180.
Tehini Joseph et Fils, s. Sayour. — B.P. 286; T 7-35.
Trad, N. & Cⁱᵉ, s. Jémil. — B.P. 155; T. 9-24.
Weil Paul. S. Ayas. — B.P. 287; T. 4-25.

AMEUBLEMENT

Baida Pierra et Gabriel, Place des Canons; T. 6-09.
Karam Aoun Gabriel, r. Said Akl; T. 6-03.
Kassab Frères, rue de la Poste. — B.P.. 402; T. 8-41.
Massabni Georges, rue Said Akl. — B.P. 648.
Najjar Bros, rue Said Aki. — B. P. 459.
Nasser S. et B , av. des Français. — B.P. 329.
Orosdi-Back, rue du Port. — B.P. 52; T. 3-28.
Rebeiz Habib et Aziz, place des Canons. — B.P. 197; T. 6-37.
Sloufi E.-G., sue du Commerce. — B.P. 5; T. 2-28.

ANILINE ET COULEURS

Araman Négib G , s. Beyhum. — B.P. 433; T. 2-34.
Chébli M.-K., Place des Canons. — B.P. 419; T. 6-46.
Moussawir N. & Fils, s. Beyhum. — B.P. 392; T. 7-24.
Saidad Frères, rue du Port. — B.P. 445.
Tabbarah Frères, s. El Nouriyé. — B.P. 151.
Weber & Cⁱᵉ, Im. Boustros. — B P. 82; T. 9-18.
Weil Paul, s. Ayas. — B.P. 287; T. 4-25.

ANNUAIRES

Indicateur Libano-Syrien. — B.P. 240; T. 4 1.

ARCHITECTES-INGÉNIEURS

Abdelnour B., Imm. Badaoui. — B.P. 267.
Aftimusz J., a. Jémil. — B.P. 350; T 4-07.
Binde Manham, av. des Français.
Cuinat Marcel, Boite Postale 173. Beyrouth.
Benouillet Fernand, rue de Damas. — B.P. 173; T. 3-10.
Hacho E., av. des Français. — B.P. 110; T. 13.

Hanemoglou & C^{le}. — B.P. 575; T. 8-33.
Société Française d'entreprises, rue Allenby. — B.P. 339; T. 3-09.

ARCHITECTE

Cumat Marcel. — B.P. 173, Beyrouth.

ARGENTERIE-CRISTALLERIE

Araman Frères, s. Beyhum. — B.P. 354.
Araman Négib, s. Beyhum. — B.P. 133; T. 2-34.
Baida Pierre et Gabriel, place des Canons; T. 6-09.
Bérangé et Choueiri, rue Omar. — B.P. 167; T. 4-28.
Berbéri Georges et Ibrahim, rue Beyhum. — B.P. 328; T. 8-42.
Bohsali Sadek et R., place des Canons. — B.P. 516; T. 6-04.
Corm Michel, rue de la Poste. — B.P. 58.
Debbas César, S. Jémil. — B.P. 3; T. 5-37.
Kassab Frères, rue de la Poste. — B.P. 402; T. 4-18.
Moretti P. et Fils, s. Sayour. — B.P. 418.
Melki et Menassé, rue Tawilé. — B.P. 81.
Nahmani & C^{le}, s. Jémil. — B.P. 23.
Najjar Abdul-Kader et Fils, s. Beyhum. — B.P. 459.
Nsouly Frères, s. Beyhum. — B.P. 528.
Nsouly M. et Fils, s. Beyhum. — B.P. 297.
Orosdi Back (Etablissements), rue du Port. — B.P. 52; T. 3-28.
Siou Elie, av. des Français. — B.P. 5; T. 5-28.
Tabbara Frères, av. des Français. — B.P. 151.

ARMURERIES

Orosdi-Back (Etablissements). — B.P. 52; T. 3-28.
Armurerie Française, 24, S. Jémil. — B.P. 220.
Gant Rouge, rue Tawilé. — B.P. 81.
Senno T., rue du Théâtre. — B.P. 583.

ART (Maison d')

Corm David et Fils, rue du Commerce et rue de la Poste — B.P. 221

ARTICLES D'ORIENT

Neuchamall, 16, av. des Français. — B.P. 344.
Tarazi Joseph & Michel, s. Jémil. — B.P. 74.
Tarazi Dimitri et Fils, av. des Français.

ASSURANCES (Agents d')

Bercoff Moïse. — B.P. 119.
Beyhum & C^{le}, rue Allenby. — B.P. 661; T. 9-28.
Chami Jean et Fils, s. Jémil. T. 5-45.
Comptoir général d'assurances, rue du Commerce. T. 1-27.
Depolla P., Imm. Badaoui. — B.P. 163.
Eynard C., Khan Tabet. — B.P. 268; T. 4-20.
Farra P. Khoury, rue de la Douane. — B.P. 480.
Grego-Oscar, r. Chefik-el-Mouayad. — B.P. 590.
Haddad Ibr., Fils & C^{le}, Khan Tabet. — B.P. 20.
Hanemoglou M. & C^{le}, Agents de l'Union. — B.P. 575; T. 8-33.
Heald Henry & C^{le}, rue Allenby. — B.P. 64; T. 4-20.
Merheb Philippe & C^{le}, Khan Fakhry Bey. — B.P. 217.
Misk F. & C^{le}, 10, rue du Commerce. — B.P. 250; T. 1-27.
Moretti P. E. et Fils, s. Sayour. — B.P. 418.
Mourgue d'Algue. — B.P. 320; T. 1-00.
Neechamall A., 16, av. des Français. — B.P. 344.
Sahlani Evangile, s. Jémil.
Setton Friedman & C^{le}, Khan Antoun Bey. — B.P. 207; T. 1-32.
Sursock G. A. et Frères. — B.P. 450; T. 6-47.
Tatarachi Riga & Co Ltd, rue des Postes. — B.P. 118; T. 1-34.
Trad. et Chami. — B.P. 240.
Weber & Co, rue Jémil. — B.P. 82; T. 9-18.
Zéhil Abdallah, rue des Postes. — B.P. 223; T. 1-31.

ATELIER DE MENUISERIE

Georges Jalk, 8, rue Victor-Hugo.

AUTOMOBILES & ACCESSOIRES

African and Eastern Ltd, Im. Badaoui. T. 9-13.
Audi S. et Frères, av. des Français. — B.P. 46; T. 1-12.
Agostini et Denti, rue des Halles. — B.P. 168.
Baida P. et G., place des Canons. T. 6-09.
Caporal F. V. (Aut. Citroën), Immeuble Badaoui. — B.P. 391; T. 7-32.
Corm Charles & Cie, rue Basta. T. 4-02.
Depolla Tancrède. — B.P. 214.
Eastern Motor Company, 89 à 93, rue Gouraud. — B.P. 242.
Gemayel Michel & Co, place des Canons; T. 6-22.
Ghantous Farès & Co, rue du Port. — B.P. 337.
Haiek Alexandre, place des Canons.
Medawar A., av. de Paris. — B.P. 577.
Nassar Daoud, rue Saifi, 61.
Rabbat Ibrahim et Fils, s. Jémil. — B.P. 149; T. 3-44.
Soad Ibrahim & Fils, s. Jémil. — B.P. 66; T. 4-06.
Schaefer Jacques (garage), 24, rue du Fleuve.
Syria Auto et Electric Co, rue Zeitouni. — B.P. 288; T. 8-17.
Tamraz Joseph et Fils, place Assour; T. 8-02.
Zeenny Michel, rue Gouraud, 90.
Zimmerman D., rue de Jérusalem. — B.P. 496.
Saad Ibrahim J. et Fils, Souk-Jemil. — B.P. 66; T. bur. 4-6; garage 3-22.

BANQUES ET BANQUIERS

Anglo Palestine Co Ltd, rue Allenby Badaoui. — B.P. 72; T. 2-02.
Assah, Safar et Trad, Imm. Badaoui. — B.P. 228; T. 2-13.
Badaouy Khalil, Imm. Badaouy. — B.P. 361.
Banco di Roma, rue Allenby. — B.P. 64; T. 3-05.
Banque de Syrie et du Grand-Liban, rue Allenby. — B.P. 75; T. 3-11 et 6-06.
Banque Française de Syrie, rue Allenby. — B.P. 108; T. 2-00.
Bassoulles Fils de Salloum, s. Jémil. — B.P. 128; T. 8-43.
Comptoir Lyon Allemand. — B.P. 608, rue Bab-Edriss.
Crédit Foncier d'Algérie et de Tunisie, Khan Antoun Bey. — B.P. 393; T. 1-06.
Dagher, Boutros & Co, rue Tavilé. — B.P. 526; T. 8-22.
Dana Haïm Elie, s. Tavilé. — B.P. 436; T. 8-18.
Dargham Esper, rue du Maréchal-Foch. — B.P. 330; T. 2-18
Debs et Fiani, Khan Tabet. — B.P. 605; T. 7-03.
Gemayel Alex & Cie.
Haddad Alex. P., s. Tawilé. — B.P. 194; T. 4-41.
Haiat S. & Co, rue Allenby. T. 2-35.
Haiek D. et Fils, s. Djédid. — B.P. 17.
Heald Henry & Cie, rue Allenby. — B.P. 64; T. 4-20.
Mouracadé Georges, rue Chéfik Bey. — B.P. 367; T. 3-08.
Mourgue d'Algue, rue du Commerce. — B.P. 326; T. 1-00.
Pharaon et Ghiha, s. Jémil. — B.P. 1; T. 4-31.
Saad Georges, rue des Postes. — B.P. 179; T. 3-02.
Sabbagh Habib et Fils, Khan Tabet. — B.P. 144; T. 1-20.
Safra Frères, Khan Chouni. — B.P. 204; T. 6-41.
Seton Friedman & Co, rue des Postes. — B.P. 207; T. 1-32.
Thomé Béchir & Fils, s. Sursock; T. 6-18.
Trad Michel & Fils, s. Jémil. T. 7-31.
Zaloum Figli di Luigi, rue Chéfik-el-Mouayad.

BIJOUTIERS-JOAILLIERS-ORFÈVRE

Comptoir Lyon-Alemand. — B.P. 608; T. 4-21.
Daouk Joseph, rue Bab-Edriss.
Homsi Elie, s. Raad et Hani. — B.P. 537.
Khoury Jamil T., 38, rue Gouraud.

Melki et Manasseh (Au Gant Rouge), s. Tawilé. — B.P. 81.
Rached Abdo, s. Raad et Hani.
Rebeiz Habib et Aziz, place des Canons. — B.P. 197; T. 6-37.
Tuéni et Saliba, s. Raad et Hani. — B.P. 421,

BOIS

Agostini et Denti, rue du Sérail. — B.P. 168.
Aloneftès Agapius E. — B.P. 234.
Darwiche M. et Fils, Khan Chamiyé; T. 7-10.
Farah Khalil Khouri. — B.P. 489.
Hacho A. et M., Khan Antoun Bey. — B.P. 116; T. 1-13.
Karam Béchara et Fils, Khan Antoun Bey. T. 7-45.
Mamary et Rebeiz, rue de la Poste. T. 7-12.
Rabbat Ibrahim et Fils, s. Jémil. — B.P. 149; T. 3-44.
Scrini et Fils, Khan Antoun Bey. — B.P. 371.
Senno Abdel Fattah et Fils, rue de la Poste; T. 9-02.
Sursock G.-A. Frères. — B.P. 456.
Tabbara et Fils, rue de la Poste. — B.P. 151.
Yassine Moukhtar. — B.P. 2.
Younan & Farid Araman, rue Tirabouchi. — B.P. 354.

BONNETERIE

Bérangé et Chouéri, rue Omar. — B.P. 167; T. 4-28.
Chouchani Joseph, s. Tawilé.
Dib Ibrahim. — B.P. 674.
Farhi Sasson, s. Jémil. — B.P. 585.
Ferneiné et Trad, s. Jémil. — B.P. 110.
Freiha Alex., s. Ayas. — B.P. 500.
Hazarabédian Nichan, s. Ayas. — B.P. 40.
Kachan Frères, rue Tawilé. — B.P. 124.
Kassab & Baroudy, av. des Français. — B.P. 153; T. 6-25.
Keuroghlian, s. Ayas. — B.P. 637.
Kfouri Georges & Cie, s. Jémil. — B.P. 241.
King's Way, rue de la Poste.
Malek Toufik Khouri, s. Jémil. — B.P. 400.
Melki et Menassé, s. Tawilé. — B.P. 81.
Mezher Oidih A., rue Allenby. — B.P. 639.
Mohbat Saba J. et Fils. — B.P. 120.
Najjar frères & Cie. — B.P. 459.
Namani Chéril, Khan Tabet. — B.P. 23.
Nasr Frères, s. Tawilé. — B.P. 329.
Orosdi-Back Etablissements, rue du Port. — B.P. 52; T. 3-25
Saba Frères, s. Tawilé. — B.P. 238.
Sidi Tabah & Cie, Souk-Jémil. — B.P. 305.
Sirbeti Mohamet Saïd, 92, rue Bab-Edriss.
Soueïd et Isaac, rue Bab-Edriss.
Tabbara Frères, av. des Français. — B.P. 151.
Tamer Frères, s. Tawilé. — B.P. 84; T. 7-43.
Tueni et Basila. — B.P. 340.
Yazigi Frères, s. Ayas; T. 9-22.
Yazigi Philippe, s. Ayas; T. 9-22.

CERCLES

Cercles de Beyrouth, rue de la Poste. — B.P. 505.
Union Française, rue de Jérusalem. — B.P. 370; T. 4-43.
Cercle Militaire, av. des Français.

CHANGE ET BOURSE (Agents de)

Araman César, s. Sursock. — B.P. 354; T. 2-10.
Cook César, rue de la Poste. — B.P. 323.
Dargham Esper et Georges, s. Biatra. B.P. 33.
Farhi et Fils, s. Biatra. — B.P. 585.

L'ORIENT

QUOTIDIEN POLITIQUE

Le plus fort tirage des journaux français
à BEYROUTH

Service d'information dans toutes les villes d'Orient

Bureau de rédaction à BEYROUTH
Bureau de rédaction à PARIS

Correspondants et collaborateurs dans le monde entier

EN VENTE DANS TOUTES LES LIBRAIRIES

"Al - Ahrar" (Les libéraux)
Le plus grand quotidien arabe ayant le plus fort tirage des journaux de la Syrie et du Liban —
Directeur politique et Rédacteur en Chef Gabriel Guérini
Boîte postale n° 539. Téléph 8 13
C'est l'organe
le plus fort et le plus répandu.
Rédaction & Administration
Khan Chouny. (auprès du Central Téléphonique
Beyrouth

Haddad Mansour, rue Allenby. — B.P. 331; T. 2-11.
Hallak Ibrahim et Fils, s. Biatra; T. 2-15.
Karam Halim et Fils, s. Sursock; T. 2-03.
Kassir Fetallah, s. Sursock; T. 2-20.
Khachan Rezcallah. — B.P. 124.
Liniado Toufic Yahia, Khan Choumi. — B.P. 190; T. 5-25.
Misk M. & Cᴵᵉ, Khan-Antoun-Bey. — B.P. 125.
Saad Georges, rue des Postes. — B.P. 179; T. 3-02.
Union Express Agency, rue Chéfik-Bey. — B.P. 568; T. 4-38.

CHARBON DE TERRE

Comptoir Maritime, F. Eddé & Cᴵᵉ, Imm. Badaoui. — B.P. 183; T. 2-8
Ghalieh Michel bey, Imm. Badaoui.
Mourgue d'Algue, rue du Commerce. — B.P. 326; T. 1-09.
Pharaon et Fils, rue Jémil. — B.P. 321; T. 4-31.
Tattarachi, Riga & Cᴵᵉ Ltd, rue des Postes. — B.P. 118; T. 1-34.
Société France-Méditerranée, rue Allenby. — B.P. 443; T. 8-04.

CHAUX ET CIMENTS

Abi Fahad et Fils, rue du Port. — B.P. 303.
Araman Négib G., rue Beyhoum. — B.P. 133; T. 2-34
Cassir Georges, rue du Port. — B.P. 106; T. 6-32.
Chaoul Charles, rue du Port. — B.P. 107; T. 5-34.
Furn Constantin, rue du Port; T. 8-44.
Haddad Derwiche, rue du Port. — B.P. 42; T. 1-19.
Haddad Elie et Fils, rue Bab-Edriss. — B.P. 239; T. 4-33.
Rabbat Ibrahim, rue Jémil. — B.P. 149; T. 3-44.
Zabbal Elie & Cᴵᵉ, rue Essayouti; T. 6-21.
Zabbal et Fils, rue Allenby; T. 2-09.

CHIRURGIE (Appareils de)

Fatin Marius, rue de la Marseillaise; T. 8-10.
Sirgi Michel & Cᴵᵉ, rue de la Poste. — B.P. 129; T. 1-17.

CIGARETTES (Fabricants)

Bagdadi et Kadigi, à Chiah (Grand-Liban).
Chakeralla, Chaker & Berjaoui, à Chiah (Grand-Liban).
Freyha frères, Pont-Beyrouth. — B.P. 7.
Hassan Mohamed Zein, Fourn-el-Cheback.
Nakib Toufik, à Cheiha (Grand-Liban).
Noun Kamel, à Fourn-el-Cheback.
Saleh N.; à Chiah (Grand-Liban).

COGNAC MARTEL

Antoine James, agent général, rue Bab-Edriss. — B.P. 471; T. 4-35.

COMMISSION-REPRÉSENTATION

Abela Frères. — B.P. 45; T. 3-16, av. des Français
Abi-Rachid et Fils, 30-32, rue Tawile.
Albu Auguste, rue de la Poste; T. 1-07.
Aloneftes Agapius, Imm. Badaoui. — B.P. 234.
Araman Négib G., s. Beyhum. — B.P. 133; T. 2-34.
Audi S. et Frères, av. des Français. — B.P. 36; T. 1-12.
Barbir Mohamed Munir et G. Misk. — B.P. 125.
Barouch P. Tovi, rue Ghandour. — B.P. 204.
Bassoul les Fils de Salloum, s. Jémil. — B.P. 125.
Bercoff M. & Cᵒ, s. Tawile. B.P. 110.
Berne A., av. des Français. — B.P. 289.
Beydoun Jos. et Fils, Khan et Barbir. B.P. 147.
Beyhum Ahmet Moukhtar et Abdullah, s. Jémil. — B.P. 601.
Boustani Assad. — B.P. 330.
Braun Haïm, 9, av. des Français. — B.P. 385.
Bridi Nicolas & Georges, Souk-Tawil. — B.P. 50; T. 6-20.
Calmes F. & Cᵒ, 17, rue des Postes. — B.P. 411.

Caporal F.-V. & Cie, Immeuble Badaoui. — B.P. 391; T. 7-32.
Cassir Georges, rue du Port. — B.P. 106; T. 6-32.
Catafago C. & Cie, av. des Français. — B.P. 485.
Chami Georges & Co. — B.P. 298; T. 5-44.
Chami, Chauchani & Cie. — B.P 240.
Chami Jean et Fils, s. Jémil; T. 5-45.
Chaoul Charles, rue du Port. — B.P. 107; T. 5-31.
Chaoul Daher et Fils, rue de la Poste. — B.P. 51.
Charr Désiré N., Imm. Badaoui. — B.P. 157; T. 2-22.
Chebli M. K. — B.P. 299; T. 6-46.
Cheikh Cousins, Imm. Badaoui. — B.P. 83.
Chécri et Vasseur, rue de la Poste. — B.P. 136; T. 1-28.
Comaty les Fils de S. — B.P. 174; T. 4-14.
Comptoir Italo-Syrien. — B.P. 524.
Comptoir Maritime de Syrie (E. Eddé & Cie). — B.P. 183; T. 2-8.
Corm David et Fils, rue de la Poste et du Commerce. — B.P. 221.
Corm Michel J. & Cie, rue de la Poste. — B.P. 58.
Coudja, Dahaby & Cie, Khan-Chouny. — B.P. 26; T. 8-25.
Crochepierre J., rue de la Marseillaise. — B.P. 209; T. 2-30.
Cronfol Mouhamed Mousbah, Khan Hamzé. — B.P. 88.
Dabahi N. M. & Cie. — B.P. 346.
Dana Frères, Khan Choumi. — B.P. 436.
Davidian et Dervichian. — B.P. 522.
Debbané & Cie. — B.P. 363.
Delbourgo J.-V. et Son, rue du Port.
Dichy Joseph & Cie, Khan Antoun. — B.P. 207; T. 1-32.
Ebenrecht Frères. — B.P. 304, av. des Français.
Eddé Farid, rue du Port; T. 2-08.
Elie Andrawas Haddad & Frères, Souk-el-Hendek.
Eynard C., Khan Tabet. — B.P. 268; T. 4-20.
Fankhaenel, Oechslin & Cie. — B.P. 310; T. 7-17.
Farah Georges & Cie, rue de la Marseillaise. — B.P. 131; T. 5-32.
Farah Nasri J., s. Sursock. — B.P. 104.
Fargeallah G. N., rue Saifi. — B.P. 232.
Farès Ghantous & Cie. — B.P. 337; T. 7-34.
Fatin Marius, rue de la Marseillaise; T. 8-10.
France-Méditerranée (Sté), Im. Badaoui. — B.P. 443; T. 8-04.
Frank et Greenberg. — B.P. 360, rue de la Poste.
Galié Michel Bey & Cie, Imm. Badaoui. — B.P. 305; T. 2-12.
Gannagé Elias et Fils, Imm. Badaoui. — B.P. 295; T. 2-07.
Geammal Frères et Abourouss. — B.P. 536.
Gemayel Alex. & Cie. — B.P. 376.
Ghandour Muhieddine S., rue Dabbagha. — B.P. 101.
Girardi G. & Fils. — B.P. 233.
Grego Oscar. — B.P. 596, rue Chéfic Bey Mouayad.
Ghantous Farès & Cie, rue du Port. — B.P. 337.
Habib Sabbag & fils, av. des Français. — B.P. 141; T. 1-20.
Haddad Derwiche, Imm. Badaoui. — B.P. 42; T. 1-16.
Haddad Elie et Fils, rue Bab-Edriss. — B.P. 230; T. 4-33.
Haddad Ibrahim et Fils & Cie, Khan Tabet. — B.P. 20; T. 2-04.
Hakim et Hatem. — B.P. 4.
Hakim Frédéric & Cie. — B.O. 43; T. 1-07.
Hakim Frédéric & Cie. — B.P. 43; T. 1-07.
Hélou Férid. — B.P. 460; T. 9-27.
Helou S., J. & Cie, rue Maréchal Foch. — B.P. 151.
Houbeika Négib & Cie. — B.P. 63.
Honein Joseph et Fils, av. des Français.
Issa et Schoucair, s. Jémil. — B.P. 57.

Jabre Najib, av. des Français, n° 12. — B.P. 351; T. 1-10.
Jabre Frères, rue Chéfic Bey Mouayad. — B.P. 369; T. 7-06.
James Antoine, Imm. Badaoui. — B.P. 471; T. 4-35.
Joseph Daccak & Cⁱᵉ, Souk-el-Tavilé. — B.P. 324.
Kadige Atallah & Cⁱᵉ, Bab-Edriss. — B.P. 347; T. 8-05.
Kadige Frères & Cⁱᵉ, Imm. Badaoui. — B.P. 373.
Kattar (les fils de Suleïman), rue des Postes. — B.P. 277; T. 1-25.
Kattini Michel & Cⁱᵉ. — B.P. 616.
Kourany Georges & Cy. — B.P. 134, Imm. Badaoui.
Khouri Toufic et Philippe D., Kahn Chouni. — B.P. 71.
Kythreatis Georges. — B.P. 544, Imm. Badaoui.
Lévy S. D. et Fils, rue Bab-Edriss. — B.P. 130.
Lusena Oscar & Cⁱᵉ, rue Bab-Edriss. — B.P. 8; T. 3-25.
Machnouk M. Raif & Cⁱᵉ, rue de la Marseillaise. — B.P. 35.
Malek Nasri, s. Ayas. — B.P. 451.
Mahnès Jacques, 32, rue de la Marseillaise. — B.P. 210; T. 3-31.
Mardikian Frères, rue de la Poste. — B.P. 426.
Matar, Schoucair & Cⁱᵉ, 10, rue du Commerce. — B.P. 304.
Nechabuar & Cⁱᵉ, Imm. Badaoui. — B.P. 577.
Melki et Manassé, rue Tawilé. — B.P. 81.
Merheb Philippe & Cⁱᵉ, Khan Fakhry Bey. — B.P. 217.
Messara Toufik. — B.P. 614; T. 9-19.
Misk Ferdinand & Cⁱᵉ, 10, rue du Commerce. — B.P. 250; T. 1-27.
Misk Michel & Cⁱᵉ, rue Djédid. — B.P. 125.
Misk Pierre & Cⁱᵉ, Khan Tabet. — B.P. 566.
Moretti Pogliucca et Fils, Khan Fakhry Bey. — B.P. 418.
Moukhbat Saba J. et Fils, s. Ayas. — B.P. 120; T. 1-42.
Naim F. & Cⁱᵉ. — B.P. 183.
Nakad, Traboulsy & Cⁱᵉ, Khan Fakhry Bey. — B.P. 213; T. 2-14.
Nassr Alfred & Cⁱᵉ. — B.P. 143.
Nasser, Nasr & Cⁱᵉ, s. Tawilé. — B.P. 329.
Nicolas, Moussa Dabahy & Cⁱᵉ, rue du Port. — B.P. 346.
Panchaud F. — B.P. 170.
Pagliouka Meretti et Fils. — B.P. 418.
Pappadopoulos Fils & Cⁱᵉ, rue de la Marseillaise. — B.P. 243.
Pharaon R. et Fils, s. Jémil.
Piccioto Moïse Ilel de, rue Chéfik Bey Mouayad. — B.P. 679; T. 3-41.
Rabbat Ibrahim et Fils. — B.P. 149; T. 3-44.
Racine Auguste et Fils, rue Bab-Edriss. — B.P. 169; T. 4-09.
Ragi G. & Cⁱᵉ, Imm. Badaoui. — B.P. 68.
Rawas Ahmed & Cⁱᵉ, rue de la Marseillaise. — B.P. 315; T. 3-26.
Rif Elie & Cⁱᵉ, Imm. Badaoui. — B.P. 49; T. 7-41.
Riskallah & Cⁱᵉ. — B.P. 666; Y. 6-31.
Rizk Frères, rue du Port. — B.P. 348.
Rizk Haddad et Catan, rue du Port. — B.P. 412.
Saab Elie. — B.P. 29.
Saad Ibrahim J. et Fils, s. Jémil. — B.P. 66; T. 4-06.
Saad et Sahmarani. — B.P. 291.
Saba J. Mahbat & Fils, rue des Postes. — B.P. 120; T. 1-42.
Saïdah Frères, rue de la Poste. — B.P. 445; T. 1-36.
Salloum, Hélou & Cⁱᵉ, Khan Tabet. — B.P. 469.
Sasson Camille & Cⁱᵉ. — B.P. 405.
Sellan et Ghosn, 142, rue du Port; T. 8-7.
Setton Friedman & Cⁱᵉ, rue de la Poste. — B.P. 207; T. 1-32.
Sirgi M. & Cⁱᵉ, av. des Français. — B.P. 129; T. 1-17.
Sislian Ernest & Cⁱᵉ, rue Soursok. — B.P. 379.
Soussa Joseph A. — B.P. 180.
Speich et Yared, s. Jémil. — B.P. 56; T. 6-20.

Soueid et Isaac, rue Bab-Edriss.
Sursock Georges Assad et Frères. — B.P. 456; T. 6-47.
Tabbara Saïd et Frères, rue Nourieh. — B.P. 425.
Tamer frères, S. Jémil. — B.P. 84; T. 7-43.
Tasso Toufic, s. Ayas. — B.P. 657.
Tayar Samuel, rue de la Marseillaise. — B.P. 61; T. 2-24.
Tehini Joseph et Fils, s. Sayour. — B.P. 286; T. 7-35.
Tohmé Bachir et Fils, s. Sursock; T. 6-18.
Trad et Chami. — B.P. 240.
Trad G. & Cie, rue de la Marseillaise. — B.P. 113.
Valéry G.-L., rue Bab-Edriss. — B.P. 527; T. 4-05.
Weber & Cie, Im. Boustros. — B.P. 82; T. 9-18.
Weil Paul, s. Ayas. — B.P. 287; T. 4-25.
Yassine Sami et Anis, s. Tawilé. — B.P. 2.

COMPTOIR INDUSTRIEL

Valery G. L., Bab-Edriss. — B.P. 527; T. 4-05.

COMPTOIR PHILATÉLIQUE

Hochepied, rue Bab-Edriss. — B.P. 652.

CONFECTIONS

Bérangé Gds Magasins, rue Omar. — B.P. 167; T. 4-28.
Boutros Naïm, s. Tawilé. — B.P. 526.
Ghosn Frères, s. Ayas; T. 3-10.
Homsy Nicolas & Cie, Ayas. — B.P. 537.
Khouri Fouad, s. Tawilé, Bader Moustafa Gandour.
Massabni et Fils, s. Ayas. — B.P. 648.
Nasr Frères, r. Sayour. — B.P. 542; T. 4-45.
Tiring Grands-Magasins, rue du Commerce. — B.P. 115.

CONFITURES ORIENTALES

Abdallah Farès Sader & Frères; T. 145. Panayot Angelopoulos, Joseph Darwich.
Hayek. Joseph Massoud & Frères. Karam Ibrahim & Cie. Nehmé Frères.

COTON BRUT

Habib Abdel-Nour. — B.P. 220.
Nicolas Adib Hannoum. — B.P. 538.

CUIRS ET PEAUX (art. de cordonnerie)

Abdulnour Habib, rue Saifi. — B.P. 220.
Beydoun Youssef et Fils, Khan Barbir. — B.P. 275.
Eynard Casimir, Khan Tabet. — B.P. 268; T. 4-20.
Ferneiné G. K., rue du Commerce. — B.P. 110; T. 7-07.
Haddad Elias And. et Fils, s-. Jémil. — B.P. 265.
Heneiné J. & Fils. — B.P. 260.
Jabre Frères, av. des Français. — B.P. 369; T. 7-06.
Kattar les Fils de S., rue de la Poste. — B.P. 277.
Kassab Frères, av. des Français. — B.P. 402; T. 8-41.
Michel M. Bechir Saad, rue Boudayetcher. — B.P. 352.
Mourgue d'Algue, rue du Commerce. — B. P. 326; T. 1-09.
Naboulsy Mohamed Ali, s. Sursock.
Rabbat Ibrahim et Fils, s. Jémil. — B.P. 149; T. 3-44.
Racine Auguste et Fils, rue Bab-Edriss. — B P. 169; T. 4-00.
Saad Ibrahim et Fils, s. Bustros. — B.P. 66; T. 4-06.
Saad Michel Béchir, s. Jémil. — B.P. 352.
Siblini Abdel Latif, s. Sursock. — B.P. 333; T. 6-10.
Zagar Georges B., rue de la Poste. — B.P. 280.

CUIVRES BRUTS

Ibrahim & Abdallah Wardé, rue de la Marseillaise. — B.P. 24; T. 7-02.

DENRÉES COLONIALES

Abdul-Gani Mekdaché, Souk-Abou-Nasser. — B.P. 196; T. 8-32.
Berbir Frères, Dabbagha. — B.P. 328.
Beydoun Haj Anis, s. Sursock. — B.P. 275.

Beydoun Joussef et Fils, Khan-El-Berbir. — B.P. 147.
Beyhum Kheireddine Mh., Dabbagha. — B.P. 661.
Cassir G., rue de la Marseillaise. — B.P. 106; T. 6-32.
Calmes F., Dabbagha. — B.P. 411.
Farah Georges J., rue de la Marseillaise. — B.P. 131.
Fatin Marius, rue de la Marseillaise; T. 8-10.
Ghandour les Fils de Mosbah, Dabbagha. — B.P. 139.
Ghandour Muhieddine S. & Cie, Dabbagha. — B.P. 464.
Ghosn Joseph H. T. 3-10.
Hakim Frères, rue du Port. — B.P. 43; T. 2-31.
Hibri Mohamed Taoufik, rue du Maréchal-Foch. — B.P. 123; T. 5-31.
Hoss Moh. & Cie, Dabbagha. — B.P. 185; T. 5-26.
Houry Saïddin, rue du Port. — B.P. 273; T. 7-04.
Jaffar Jémil, rue du Port. — B.P. 560.
James Antoine, rue Allenby. — B.P. 471; T. 4-35.
Jamil Moustafa Jafar, rue de la Marseillaise; T. 8-30.
Jaroudi Abdulkader & Cie, rue du Port. — B.P. 205.
Jeyroudi & Houri, rue de la Marseillaise. — B.P. 423; T. 5-33.
Jindi Hassan Rached, Souk-el-Dabbagagh; T. 9-23.
Kaissi Khodr. Dabbagha. — B.P. 439; T. 6-13.
Kouchakji & Naggiar. — B.P. 44.
Kronfol M., Dabbagha. — B.P. 88.
Machnouk, Raif & Cie, rue de la Marseillaise. — B.P. 35.
Meneimmé Kharpoutli, Dabbagha. — B.P. 620.
Mourgue d'Algue, rue du Commerce. — B.P. 326; T. 1-09.
Nakad, Traboulsi & Cie, Khan Fakhri Bey. — B.P. 213.
Namani Hassan, Dabbagha. — B.P. 446.
Racine Auguste et Fils, rue Bab-Edriss. — B.P. 169; T. 4-09.
Rizk M. et Frères, rue du Port. — B.P. 348.
Senno A. & Fils, rue du Maréchal-Foch. — B.P. 37; T. 5-49.
Siblini Abdullatif, s. Sursock. — B.P. 333; T. 6-10.
Tabbah Aref, s. Aboulnasr. — B.P. 198; T. 8-20.
Tabbara les Fils de Hussein, Dabbagha. — B.P. 21.
Tayar Samuel, rue de la Marseillaise. — B.P. 61; T. 2-24.
Torbeh Said et Fils, rue de la Marseillaise. — B.P. 90; T. 8-11.

Sont encore enregistrés à la Chambre de Commerce, comme négociants en denrées coloniales :

Abdallah & Charif Kharma — Mohamed Ladki & Fils, B.P. 37 — Sadallah Abiad — Mohamed Raïf Chkheybi — Aref & Rached Jaroudi Saddin Couja — Khoder & Abdulrahman Barrage — Kamal Hess & Cie, B.P. 340 — Mohamed Jamil Lawand, B.P. 171 — Khaïreddin Mohamed Beyhoun — Joseph Hibry — Mohamed Naji Slambouli — Cheeri Abou Chalach — Nichan Zellivian — Mohamed Charif Moussa — Selim Tabbal.

DENTAIRES (ARTICLES)

Fatin Marius, rue de la Marseillaise; T. 8-10.
Ghantous Farès & Cie, rue du Port. — B.P. 337.

DROGUERIES (ART.)

Fakhouri M. et B. Beydoun, Bab-Edriss; T. 7-16.
Farhi Emile & Co, rue de la Poste. — B.P. 585.
Fatin Marius, rue de la Marseillaise. T. 8-10.
Gannagé Elie et Fils, rue Allenby. — B.P. 295; T. 2-07.
Kalpakian frères, Bab-Edriss. — B.P. 432.
Sirgi M. & Cie, av. des Français. — B.P. 129; T. 1-17.

EAUX MINÉRALES

Comaty les Fils de S., Souk-Tavile. — B.P. 174; T. 8-10.
Fakhouri M. et B. Beydoun, rue Bab-Edriss; T. 7-16.
Farhi Emile & Co, rue de la Poste. — B.P. 585.
Fatin Marius, rue de la Marseillaise; T. 8-10.

Rebeiz Fadoul et Fils, s. Bustros. — B.P. 121.
Sirgi M. & Cie, av. des Français. — B.P. 129; T. 1-17.

ÉLECTRICITÉ

Aris Moustafa, rue des Postes; T. 1-39.
Baida Pierre et Gabriel, place des Canons; T. 6-09.
Cheucri et Vasseur, rue des Postes. — B.P. 136; T. 1-28.
Ghantous Farès & Cie, rue du Port. — B.P. 337.
Indjah Frères, rue Joseph Temrez.
Kassab Frères, rue de la Poste. — B.P. 402; T. 8-41.
Orosdi-Back, rue du Port. — B.P. 52; T. 3-28.
Saidah Frères. — B.P. 445; T. 1-36.
Valéry G.-L., rue Bab-Edriss. — B.P. 527; T. 10-5.

ÉMIGRATION (AGENCE)

Chidiac Pierre, rue de la Poste. — B.P. 215; T. 9-1.
Sellan et Ghosn, 142, rue du Port; T. 8-7.

ENSEIGNES

Saadi Saadi, peintre d'enseignes, 31, av. des Français.

ENTREPOTS FRIGORIFIQUES

Société des Glacières et Entr. Frigo. du Levant, rue de la Marseillaise; T. 7-36.

ENTREPRENEURS

Abdelnour Bahjat Amin, Imm. Badaoui. — B.P. 267; T. 9-16.
Abi Fahde Joseph, Imm. Tabet. — B.P. 303.
Agostini et Denti, rue des Halles. — B.P. 108.
Cuinat Marcel, architecte. — B.P. 173, Beyrouth.
Edmond Sabbagha, ingénieur-entrepreneur.
Fenouillet Fernand, rue Sursock. — B.P. 173; T. 3-40.
Hacho Emile, av. des Français. — B.P. 116; T. 1-13.
Haddad Derwiche, rue du Port. — B.P. 42; T. 1-19.
Jacob Mohbat & Fils, 2, rue Victor-Hugo.
Nosrat Ahmad. — B.P. 40.
Rawas Ahmad & Co. — B.P. 315; T. 3-26.
Société Française d'entreprises, av. des Français. — B.P. 339; T. 3-09.
Zogzoghy M. H. & M. D. Rached, Immeuble Badaoui. — B.P. 725.

ENTREPRISE DE MENUISERIE

Georges Jalk, 8, rue Victor-Hugo.
Jacob Mohbat & Fils, 2, rue Victor-Hugo.

ÉPICES

Khaled Hassouni — Musbah Fathullah, B.P. 700   Hassan Tavara & Frères
Khalil & Abdul-Kader Zéghir — Saddin Omar el-Alye — Jamil & Saaddin Joajou

FABRIQUE DE MEUBLES

Sioufi Elie G., avenue des Français. — B.P. 5; T. 7-06.

FABRIQUE DE SIROPS

Gilbert Deloire, 31, rue Nabi-Ibrahim. — B.P. 465.

FER ET MÉTAUX

Chaoul Charles, rue du Port. — B.P. 107; T. 5-31.
Chaoul Daher, rue de la Poste. — B.P. 51.
Furn Const., rue du Port; T. 8-44.
Haddad Elie et Fils, rue Bab-Edriss. — B.P. 239; T. 4-33.
Haddad Derwiche J., rue du Port. — B.P. 42; T. 1-19.
Saidah Frères, rue de la Poste. B.P. 445; T. 1-36.
Sehnaoui Michel Fils, rue Saïn. B.P. 122; T. 6-07.
Zabbal et Fils, rue du Port. T. 2-09.

FILMS CINEMATOGRAPHIQUES

American and Syrian Films Agency. — B.P. 463.
Bercoff Moïse, Imm. Badaoui. — B.P. 119.
Lévy Moïse. — B.P. 312, rue de la Poste.

FIL A COUDRE

The Central Agency Ltd, rue Bab-Edriss. — B.P. 6; T. 4-8.

GRANDS MAGASINS

(Maisons de commandes)

Antoine Berne (Galeries Lafayette). — B.P. 289.

Edmond Decaussaut (Au Bon Marché de Paris).

Tattarachi, Riga & Cⁱᵉ (Au Louvre). — B.P. 118; T. 1-34.

HOTELS

Grand Hôtel d'Orient, prop. N. Bassoul et Fils, av. des Français; T. 1-16.

Hôtel d'Alep, s. Sursock.

Hôtel d'Alexandrie, prop. Pierre Khattar, rue Gouraud.

Hôtel Amchite, prop. Assad Abbas, rue Gouraud.

Hôtel d'Amérique, place des Canons.

Hôtel Astre d'Orient, place des Canons.

Hôtel Astre du Matin, rue du Port.

Hôtel Attallah, prop. Attallah Joseph, rue Gouraud.

Hôtel Gagdad, rue du Port.

Hôtel de la Bourse, prop. Marie Khattar, Saifi.

Hôtel de la Capitale, rue du Port.

Hôtel Central, prop. Negib Choucair, place des Canons; T. 6-43.

Hôtel des Cèdres, prop. Akl. A. Khoury, rue Gouraud.

Hôtel Chams-El-Watan, Aley, Grand-Liban.

Hôtel Chemali Libnane, prop. Habib Kh. Keyrouse, place des Canons.

Hôtel de Constantinople, rue du Port.

Hôtel de Damas, rue de Damas.

Hôtel Dar-El-Farah, prop. Abou Wadih-El-Farah.

Hôtel Dar-El-Sourour, s. Sursock.

Hôtel El-Watan, prop. Rachid Abou Joudé, rue de Damas.

Hôtel d'Europe, rue du Port.

Hôtel Héliopolis, place des Canons.

Hôtel de Homs et Hama, s. Sursock.

Hôtel Kaouam Palace, en face de la Douane.

Hôtel Kasr el Bahr, prop. Assad Ghanem, s. Sursock.

Hôtel Kasr El Barr, rue du Port.

Hôtel Kasr El Chark, rue du Port.

Hôtel Kasr Libnane, prop. Daoud Touma, rue Gouraud.

Hôtel Kasr El Gédid, rue du Port.

Hôtel Kalaf, rue de la Poste.

Hôtel Kédivial, rue de la Marseillaise. — B.P. 548; T. 7-09.

Hôtel Kerbage, prop. Michel Kerbage, place des Canons.

Hôtel de Lattaqué, prop. Mustapha Doueiri, rue Saifi.

Hôtel Majestic, rue du Maréchal-Foch.

Hôtel Manzar El Jamil, prop. Saïd Kfoury, rue Gouraud.

Hôtel de Marseille, prop. Chahinian Arossiak, rue du Port.

Hôtel El Matn, prop. Elie Haddad, rue de Damas.

Hôtel de la Méditerranée, place des Canons.

Hôtel de Mersine, rue du Port.

Hôtel Métropole, rue Méditerranée; T. 1-37.

Hôtel Moderne, rue Georges-Haddad.

Hôtel Mounchié, prop. Karam Owaiess, place des Canons.

Hôtel du Paradis, rue des Martyrs.

Hôtel du Parc, place des Canons.

Hôtel Rabinovitz, rue de Jérusalem.

Hôtel Royal, rue de la Poste. — B.P. 145; T. 1-35.

Hôtel Safa, s. Sursock.

Hôtel Sannine, prop. Pierre S. Owaiess, place des Canons.

Hôtel de Smyrne, prop. J.-B. Cohen, rue du Port.

Hôtel Victoria, prop. Najoum Frères, av. des Français

Hôtel Windsor, place des Canons.
Hôtel Zahrat Souria, place des Canons.
Palace Kawam Hôtel, en face de la Douane; T. 6-15.
INSTRUMENTS DE CHIRURGIE
Fatin Marius, rue de la Marseillaise; T. 8-10.
Sirgi Michel & C°, av. des Français. — B.P. 129; T. 1-17.
INSTRUMENTS DE MUSIQUE
Achdjian Lazar, rue Gouraud.
Au Gant Rouge, s. Tawilé. — B.P. 81.
Corm David et Fils, rue du Commerce. — B.P. 221.
Godressi J., rue de l'Hôpital. — B.P. 32.
Orosdi-Back, rue du Port. — B.P. 52; T. 3-28.
Carpassity & Cie « Musica », 101, rue de la Poste. — B.P. 227.
JOAILLERIE-BIJOUTERIE
(Voir Bijouterie-Orfèvrerie)
JOURNAUX ET REVUES
Aalam Israili, arabe, prop. Sélim Mann, rue Georges-Picot. — B.P. 375.
Ahdul-Jadid, prop. K. Ahdab.
Al-Fatat, prop. Chucri Baccache.
Al-Ahwal, arabe, prop. Khalil Badaoui, rue Bab-Edriss. — B.P. 361.
Ahrar prop. Gabriel Tuéni.
El Arz, arabe, Dir. Cheikh-Youssef Khazen, rue Gouraud.
El Balagh, arabe, prop. Mohamed Baker, av. des Français. — B.P. 296.
El Bairak, arabe, rue El-Itlidi.
El Bayan, arabe, prop. Bestani s. Ayas.
El Bark, arabe, prop. Bechara Khoury, s. Sursock. — B.P. 453.
El Béchir, arabe, prop. P. P. Jésuites, rue de la Poésie.
Les Cèdres, prop. E. Abounader.
Le Commerce du Levant, prop. T. Mézrahi. — B.P. 687.
El Dabbour, arabe, prop. Josehh Moukarzel.
El Dabbous, arabe, prop. Wadih Chikhani.
El Djéridé El-Zirahié, Bab-El-Nasr.
L'Echo d'Orient, prop. Gabriel Khalbaz.
El-Fajr, arabe, prop. Mlle Najla Abillama.
El Hadiyat, arabe, prop. Mgr Massara. s. Saint-Georges. — B.P. 306.
El Ikbal, arabe, prop. Abdulbasset El Ounsi, s. Sursock.
El Ikhaâ, arabe, prop. Moh. Chaker Tybi.
Isticlal prop. Négib Elian et Georges Awad.
Kachkoul prop. Toufic Chatila.
Lissan Ul Hall, arabe, prop. Ramez Sarkis, rue de la Poste. — B.P. 382; T. 1-23.
El Maarad, arabe, prop. Michel Zakkour, rue de la Poste.
Majallat Kadaiyàt, arabe, prop. Joseph Sader, s. Sursock.
El Nachra el Esbouiya, arabe, prop. G. Nicolas.
L'Orient, prop. Gabriel Kabbaz. — B.P. 688.
El Raï El Aam, arabe, prop. Taha Medawar, s. Sursock. — B.P. 474.
El Raoudat, arabe, prop. Antoine Bakhos, place des Canons.
Le Réveil, prop. Alex. Khoury. — B.P. 249; T. 1-00.
Rissalat El Salam, arabe, prop. P. Antoine Akl, rue Monseigneur-Chebli.
Rissalt Aalb Yassoub, arabe, rue de la Faculté.
Sida Lebnan. — B.P. 405.
La Syrie, français, prop. Georges Vayssié, rue Bab-Edriss. — B.P. 171; T. 4-42.
El Watan, arabe, prop. Wadih Akl, rue El-Itlidi. — B.P. 302.
LEGUMES FRAIS
Assad, Michel & Joseph Gohsn. fournisseurs de l'armée. — Bechir Hassan Harir
— Ido frères — Ramez Safsour — Moustafa Mohamed Ali Mneymene,— Rustem
Ramadan.
LIBRAIRIE DU FOYER
Alfred Chéhab & Cie, rue des Martyres, Beyrouth

LUNETTERIE

Asmar, 59-61, rue Tavilé.
Bérangé Grands Magasins, s. Tawilé. —B.P. 167; T. 4-28.
Charlier Bézier, s. Tawilé. — B.P. 394.
Melki et Manassé, s. Tawilé. — B.P. 81.
Orosdi Back Etablissements, rue du Port. — B.P. 52; T. 3-28.

MACARONIS & BOUGIES

Joseph Mansour Sauma, fabricant.

MACHINES AGRICOLES

African an Eastern Ltd, Im. Badaoui, rue du Port; T. 9-13 et 9-14.
Cheucri et Vasseur, rue de la Poste. — B.P. 136; T. 1-28.
Corm Charles, & Cie, rue des Halles. — B.P. 58; T. 4-02.
Chaoul Daher, rue de la Poste. — B.P. 51.
Ghantous Farées & Cie, rue Foch. — B.P. 337; T. 7-34.
Rawas Ahmad & Cie, rue de la Marseillaise. — B.P. 315; T. 3-26.
White and Son, rue de la Poste. — B.P. 311.

MACHINES A COUDRE

Moretti Pagliucca et Fils, Khan Fakhry Bey. — B.P. 418.
Rabbat Ibrahim et Fils, s. Jémil. — B.P. 149; T. 3-44.
Singer Manufacturing Company, rue Georges-Picot. — B.P. 94.

MACHINES A ÉCRIRE

Agostini et Denti, rue des Halles. — B.P. 168.
Comaty les Fils de S., rue Tavilé. — B.P. 174; T. 4-14.
Corm David et Fils, rue du Commerce. — B.P. 221.
Gédéon E. et G., Khan Fakhry Bey. — B.P. 246.
Najjar Bros, s. Ayas. — B.P. 459.
Rabbat Ibrahim et Fils, s. Jémil. — B.P. 149; T. 3-44.
Valéry G.-L., rue Bab-Edriss. — B.P. 527; T. 4-05.

MACHINES INDUSTRIELLES

African and Eastean Ltd, Immeuble Badaoui; T. 9-13 et 9-14.
Cheucri et Vasseur, rue de la Poste. — B.P. 136; T. 1-28.
Corm Charles & Cie, rue des Halles. — B.P. 58; T. 4-02.
Daher Chaoul, rue de la Poste. — B.P. 51.
Ghantous Farés & Cie, rue du Port. — B.P. 337.
Rawas Ahmed & Cie, rue de la Marseillaise. — B.P. 315; T. 3-26.
Société Française d'Entreprises, rue Allenby. — B.P. 339; T. 3-09.
Valéry G.-L., rue Bab-Edriss. — B.P. 527; T. 4-05.
White and Son, rue de la Poste. — B.P. 311.

MANUFACTURES

Aama Djemil & Ezzat.   B.P. 271.
Anzarut Jacob et Fils, rue du Port. — B.P. 89; T. 2-32.
Assatli et Sasson.   — B.P. 300.
Audé et Hamour. — B.P. 424; T. 3-00.
Audi Yassine, s. Sursock. — B.P. 2.
Bakhazi Michel & Cie. — B.P. 356.
Benjamin Frères, rue de la Poste. — B.P. 178.
Bersi et Ely, rue de la Poste. — B.P. 67.
Bigio Léon, Khan Chouni. — B.P. 570.
Chamorian. — B.P. 16.
Cheikh Cousins, rue Chéfic-Mouayad. — B.P. 83.
Cheikh et Ladki, rue de la Poste. — B.P. 127.
Dana Jacob & Cie, s. Sursock.
Dana et Geha, s. Biatra.
Dana Zaki, s. Sursock.
Dana frères, Khan Chouni.
Dechi et Mann, s. Sursock. — B P. 212.
Dechi Isaac, s. Sursock. — B. P. 150.
Diab Aref, Khan Chamié. — B.P. 388.

Dichi Mann & Cⁱᵉ. — B.P. 212.
Dichi et Tabbagh. — B.P. 150.
Douaik Charles Salomon, s. Beyhum.
Doueik M. et K., Hakim et Frères, Khan Chouny. — B.P. 43; T. 2-31.
Doueik Paul S., rue Allenby.
Gandour Frères; T. 1-15.
Gandour (Fils de M.). — B.P. 139.
Gannagé Elie et Fils, rue Allenby. — B.P. 295; T. 2-07.
Ghantous Farès & Cᵒ, rue du Port. — B.P. 337.
Gharaoui Frères. s. Sursock. — B.P. 450.
Gozen Chayo et Nached; T. 8-03.
Haddad Mansour, rue Allenby. — B.P. 331; T. 2-11.
Halavani Kamel & Cⁱᵉ, Khan Chouny. — B.P. 78; T. 9-11.
Hayeck Dimitri et Fils, Bab-Edriss. — B.P. 17.
Hazarabedian Nichan M., s Ayas. — B.P. 40.
Hazzan Haron et Moïse, rue Chefic Bey el Mouayad.
Hélou Sélim et Joseph, Khan Tabet. — B.P. 181; T. 1-14
Ipliojian et Takvorian, rue de la Poste. — B.P. 218.
Issa et Hacher, Imm. Badaoui. — B.P. 319.
Izzat Idilby. — B.P. 546; T. 4-15.
Jabre Frères, rue Chafic Bey el-Mouayad. — B.P .369 T. 7-08
Jamil el-Ama. — B.P. 271.
Kahla & Cᵒ. — B.P. 18, Imm. Badaoui
Kassab Paul et Jean, s. Sursock. — B.P. 402; T. 8-41.
Khodr Selim Chaker, s. Biatra. — B.P. 439.
Kiryacos et Zouheir, rue Allenby. — B.P. 189.
Kourouglian Alexandre, s. Ayas.
Koureitem Frères Fouad, Bazer-Kyriakos et Zouheir. — B.P. 189; T. 7-26
Lévy Frères, rue de la Poste. — B.P. 130.
Majdalani Michel & Cᵒ, rue Maréchal-Foch. — B.P. 250.
Mardikian Frères, rue de la Poste. — B.P. 420.
Messara Elie et Fils, Khan Chamiyé. — B.P. 95.
Milton et Saleh, s. Sursock.
Mizher Wadih, rue Allenby. — B.P. 235.
Mougharbel Moustafa, s. Bazerkan.
Namani Aref. — B.P. 99, Khan Fakhry Bey.
Namani Kamel et Chérif, rue Allenby. — B.P. 318; T. 2-05.
Ouadih & Mitri Choucaïri, rue de la Poste. — B.P. 100.
Porsoukian Ohanès, rue du Port. — B.P. 047.
Rawas Moïse, Khan Chouny. — B.P. 315.
Rezk Antoun, rue de la Marseillaise, rue du Port.
Rizk Frères, rue du Port. — B.P. 340; T. 8-08.
Tasso Benjamin, Imm. Badaoui. — B.P. 657.
Télio Baroh, s. Biatra. — B.P. 310.
Trad, Farah et Jureidini. — B.P. 100.
Trad Michel et Fils, Khan Tabet. — B.P. 48.
Webbé & Cⁱᵉ, rue Allenby. — B.P. 284; T. 9-04.
Zouhdi El Khouja. — B.P. 34.

MARBRES

Cassir Georges, rue de la Marseillaise. — B.P. 106; T. 6-32.
Chaoul Charles, rue du Port. — B.P. 107; T. 5-34.
Furn Const., rue du Port. — T. 5-44.
Wahbé Elie & Cⁱᵉ. — B.P. 284; T. 9-04.
Wardé Ibrahim & Abdalla, rue de la Marseillaise. — B.P. 24; T. 7-02.
Zabbal Fils, rue Allenby; T. 2-00.

MARCHANDS TAILLEURS

Dakkache Georges, rue Tavile.
Fouad Hachiti, 284, rue Gouraud.

MATÉRIAUX DE CONSTRUCTION

Abou Fahad et Fils, rue du Port. — B.P. 303.
African & Eastern Limited, Souk-Tavilé. — B.P. 104; T. 9-13.
Araman Négib, s. Beyhum. — B.P. 133; T. 2-34.
Cassir Georges, rue de la Marseillaise. — B.P. 106; T. 6-32.
Charles Chaoul, rue du Port. — B.P. 107; T. 5-34.
Daher Chaoul Edmond, rue de la Poste. — B.P. 51.
Furn Constantin, Khan Antoun Bey; T. 8-44.
Gandour Joseph Musbah & Cie, Khan Antoun bey; T. 9-25.
Haddad Derwiche, Imm. Badaoui. — B.P. 42; T. 1-19.
Haddad Elie J. & Fils, rue Bab-Edriss. — B.P. 239; T. 4-33.
Mamari et Rebeiz, rue de la Poste; T. 7-12.
Sehnaoui Elie et Fils, rue de la Marseillaise. — B.P. 557.
Zabal Habib & Fils, rue Allenby; T. 2-09.
Zogzoghy M. H. & M. D. Rached, Immeuble Badaoui. — B.P. 725.

MUSIQUES (Morceaux de)

Bézier Charlier, s. Tawilé. — B.P. 394.
Corm David et Fils, rue du Commerce. — B.P. 221.
Corm Michel & Cie, rue de la Poste. — B.P. 58.
Ghodressi Youssef, rue de l'Hôpital. — B.P. 32.
Carpassity & Cie, 101, rue des Postes. — B.P. 227.
Soulié « Librairie », rue de la Poste.
Sarafian Bros, rue de la Poste.

NOUVEAUTÉS ET SOIERIES

Abirached Chécri & Naoum, Souk-el-Tavié.
Araman Younan & Cie, s. Jémil. — B.P. 354.
Ardati Frères, s. Tawilé.
Bérangé Gds Magasins, s. Tawilé. — B.P. 167; T. 4-28.
Galeries Lafayette, av. des Français. — B.P. 289.
Haddad Elias et Georges, s. Jémil. — B.P. 239.
King's Way, rue de la Poste.
Magasins Généraux Tiring, av. des Français. — B.P. 115.
Namani Frères et Acouri, s. Bustros. — B.P. 23.
Namani Kamel Chérif, s. Bustros. — B.P. 318.
Omar Stoube & Cie, Bab-Edriss.
Pharaon Gabriel, s. Bustros. — B.P. 321.
Rizk et Riskallah, s. Ayas. — B.P. 666.
Saba Frères, s. Tawilé. — B.P. 238.
Sasson Farhi, s. Jémil. — B.P. 585.
Soueid et Isaac, rue Bab-Edriss.
Tabbara Frères, s. Tawilé. — B.P. 151.
Tiring Grands Magasins, rue du Commerce. — B.P. 115
Yazigi M. et P., s. Ayas; T. 9-22.

OPTIQUE

Mazoub Bros, rue Bab-Séraï.

ORFÈVRERIE (travail indigène)

Michel Joseph Harmouche, Souk-el-Tawilé.
Tanious & Khalil Glam, Souk-el-Tinious.

PAPETERIES

Aloneftès Agapius E., Imm. Badaoui. — B.P. 234.
Angélil Edouard, rue des Postes. — B.P. 384; T. 2-33.
Bugnard Albert, rue de la Poste.
Charlier Bézier, s. Tawilé.
Corm Michel J. & Cie (Aux Cèdres du Liban), rue de la Poste. — B.P. 58.
Gédéon E. et G. Khan Fakhry Bey, rue de Syrie. — B.P. 246; T. 4-1.
Papeteries de France, Kadige Frères, Beyrouth.
Yared & Naggear, rue Weygand, Beyrouth.

PAPIER A CIGARETTES

Ghandour Toufik, rue Ayas. — B.P. 156.
Séghir Abdulkader ,rue du Théâtre. — B.P. 573.
Lévy S. D. et Fils, Khan Chouny. — B.P. 272.
Manhès Jacques, rue de la Marseillaise, n° 32.
Pipéroglou Georges E., rue Bab-Edriss.
Sarafian Frères, rue de la Poste. — B.P. 318.

PENSIONS-RESTAURANTS

Au bon accueil, rue Mgr-Chiébli.
P. Soulié, av. des Français, au-dessus l'Union Française.

PÉTROLE ET BENZINE

Mantachef & Cie. — B.P. 480; T. 8-24.
Saad Ibrahim J. et Fils, s. Jémil. — B.P. 66; T. 4-06.
Société France-Méditerranée, Imm. Badaoui. — B.P. 443; T. 8-04.
Standard Oil Company of New-York, rue Maréchal-Foch. — B.P. 421; T. 5-36.
The Asiatic Petroleum C° (Syrie) Ltd. — B.P. 30; T. 4-44.
Vacuum Oil Company, rue de la Marseillaise. — B.P. 12; T. 1-11.

PHARMACIE FARHI

Spécialités françaises et étrangères, 169, rue des Postes. — B.P. 254.

PHARMACIE SALEM

Toutes spécialités et accessoires, Bab-Edriss, rue de l'Hôpital.

PRODUITS CHIMIQUES ET PHARMACEUTIQUES

Aloneftès Agapius E., Imm. Badaoui. — B.P. 234.
Eynard C., Khan Tabet. — B.P. 268; T. 4-20.
Fakhoury et Beydoun, rue Bab-Edriss; T. 7-16.
Fatin Marius, 5, rue de la Marseillaise; T. 8-10.
James Antoine, rue Allenby. — B.P. 471; T. 4-35.
Kalpakian frères, rue Bab-Edriss. — B.P. 372.
Manhès Jacques, 32, rue de la Marseillaise. — B.P. 210; T. 3-31.
Saidah Frères, rue de la Poste. — B.P. 445; T. 1-36.

QUINCAILLERIES ET FERRONNERIES

Albaranès David, s. Tawilé. — B.P. 455.
Araman Négib G., s. Beyhum. — B.P. 133; T. 2-34.
Attié Antoun et Fils, rue Allenby.
Azar Sélim et Fils, s. Beyhum. — B.P. 645; T. 7-13.
Béhar Frères, rue Allenby. — B.P. 435; T. 4-34.
Benjuda Nessim, s. Ayas. — B.P. 172.
Beylérian A. et Fils, s. Bazerkan. — B.P. 332.
Chaoul Daher, rue de la Poste. — B.P. 51.
Debbas O. et Sélim, r. el-Bayatre. — B.P. 3; T. 5-87.
Dichi Chébadé, rue Tawilé, 75.
Farhi Sasson, s. Jémil. — B.P. 585.
Geammal N. et Fils, s. Jémil. — B.P. 95.
Ghantous Farès & Cie, rue du Port. — B.P. 337.
Ladki Adib, s. Beyhum.
Lévy S. D. et Fils, Khan Chouny.
Moussawir Nicolas & Fils, s. Beyhum. — B.P. 392; T. 7-24.
Nsouly Muhieddine et Fils, s. Beyhum. — B.P. 297.
Orosdi-Back, rue du Port. — B.P. 52; T. 3-28.
Senno Ramez, s. Aboulnasr. — B.P. 644.
Senno et Siblini, rue Maréchal-Foch. — B.P. 583.
Sidi, Tabah & Cie, s. Jémil. — B.P. 395.
Sioufi Elie, rue du Commerce. — B.P. 5; T. 5-28.
Tabara Frères (ferronnerie, matériaux). — B.P. 151
Tamer Frères, s. Tawilé. — B.P. 84; T. 7-43.
Wardé J. et E., rue Saïn. — B.P. 24; T. 7-02.
Yassine Restom, rue de la Poste. — B.P. 2.

SOIES ET TISSUS DU PAYS

Dimitri Hayek & Fils. — B.P. 17.
Guérin (Mme veuve), et Fils, rue du Commerce. — B.P. 389; T. 8-39,
Kork & Yamout, soies et tissus du pays.

TAPIS PERSANS

Agop Haïtayan & Kevork Avanizian — Fathallah Khoder — Chah & Ibrahim — Béchir Masbanji.

TRANSITAIRES

Abdulrahman Chahin & C^le, B.P. 655 — Ahmet Ibrahim Cheikh et Amin Massoud & Fils — Couchakdji Ibrahim & Toufik Najjiar, B.P. 44 — Demechkié & Assatly — Ezzaat Kreytem — Gabriel Sursock et Gorra Frères — Kamel Houssami & Fils et Mohamed Béchir Hariri — Mohamed Omar Badaoui, B.P. 656. Tayar Samuel & Albert Sassoon — Wadih & Sélim Dimitri Debbas, Souk-el-Bayatra, B.P. 3; T. 5-37 — Zekki Dabboul, Souk-el-Paratras.

VERRERIES

Abdul-Kader Naja et Fils.
Baida Pierre et Gabriel, place des Canons; T. 6-09.
Berberi Georges, s. Beyhum. — B.P. 328; T. 8-42.
Cronfoljounib M. et Zakaria, s. Dkédid. — B.P. 88.
Kassab Frères, rue de la Poste. — B.P. 402; T. 8-41.
Mamari Nassri, s. Beyhum; T. 7-12.
Nsouli Frères, s. Beyhum. — B.P. 528.
Nsouli Mouhieddine et Fils, s. Beyhum. — B.P. 97.
Succar Khalil & C^le.

VOYAGES-TRANSPORTS

Beyrouth-Bagdad-Téhéran. — B.P. 671; T. 7-18.
Cook Thos et Son, av. des Français. — B.P. 85.
Farra Alex. Khouri, rue de la Douane. — B.P. 19.
Garage Américain, 49, rue de Jérusalem. — B.P. 288; T. 8-17.
Garage Hoss. — B.P. 185.
Haïck & C^le. — B.P. 257, 18, av. des Français.
Hitti Frères, place des Canons. — B.P. 511.
Kawalti, Tawil & C^le, Société de Transports, derrière le Petit-Sérail; T. 8-45.
Messageries Automobiles, place de l'Auto; T. 6-31.
Moon Salmson (Emilio Paradi). — B.P. 590.
Naim Transports C^le, av. des Français. — B.P. 262; T. 6-23.
Saad Ibrahim et Fils, s. Jémil. — B.P. 66; T. 4-06.
Société de Villégiature au Mont Liban, place des Canons; T. 8-35.
Union Express Agency, rue Chefik-bey. — B.P. 568; T. 4-38.

VULCANISATEURS

Accaoui H., 174, rue de Damas.
Chervet Félix, rue Mahomet-Mahmasani.